JN091626

やさしい

5G Generation

第5世代移動通信システム

Artificial Intelligence　Internet of Things　Cloud Computing　Edge computing　Mobile communication　Smart City

はじめに

アメリカや韓国で2019年4月から始まった「**5Gサービス**」は、スイスやオーストラリアなど世界各地に広がり、ついに日本でもNTTドコモを皮切りに、各社がサービスを開始しました。

しかし、いざ蓋を開けてみれば、「サービス開始時期＝全国同時スタート」というわけでなく、使えるエリアが限られ、ユーザーが納得する「**5Gインフラ**」にはまだほど遠い情況です。

本書では、5Gサービス“元年”のユーザーの反応や問題点も含めて、5Gの特徴と技術、そして、それらがもたらす恩恵などをチェックしていきます。

また、「**5G**」の高速なモバイル通信環境が整備されれば、連携する技術の「**AI**」「**IoT**」「**クラウド**」「**エッジ・コンピューティング**」などの需要もさらに高まります。

これらの技術の仕組みも、併せて紹介しています。

新世代のモバイル通信の登場により、今後、新しい世界がどんどん生み出されていきます。本書を読み進めて、ぜひ「**5Gワールド**」を体験してみてください!

I/O編集部

やさしい5G

CONTENTS

第4章　5Gの問題点

第5章　スマート化する社会

第6章　5G対応端末と周辺機器

第7章　モバイル通信とクラウド

第1章

「モバイル・データ通信」の変遷

通信速度向上がもたらした新サービス

■ 英斗恋

ケータイ各社が「5Gサービス」を開始し、新サービスを生み出す起爆剤として期待されています。
ここでは、「モバイル・データ通信」の進歩と、利用形態の変遷を振り返ります。

1-1 「1G」…アナログ式移動電話

■アナログ電話の発展

1979年に「電電公社」(現、「NTTドコモ」)が、「NTT大容量方式」(HiCAP)で「自動車電話」を開始しました。

1988年末以降、通信自由化で誕生した「新電電」のうち、DDI (当時) 傘下の「セルラー電話」が北米「TACS」方式を元にサービスを開始。

トヨタ自動車系の「IDO」(当時)は、「HiCAP※1」および「TACS」の両方式に対応します。

※1 IDOの「HiCAP」方式はNTTドコモにローミング。

関東中部 (IDO)とそれ以外 (セルラー)の営業区域外では、相手の通信網に接続する「ローミング」で、全国サービスを完成させます。

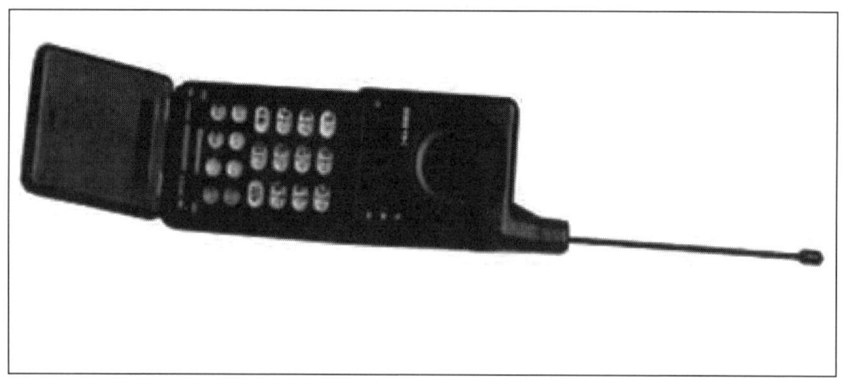

図1-1 HP-501 MICRO TAC (セルラー、モトローラ)

モトローラ (当時)「MICRO TAC」が、大型の「自動車電話」のイメージを一変させます。

表1　「NTTドコモ」「IDO」「セルラー」の営業地域

<table>
<tr><th rowspan="2">グループ</th><th rowspan="2">設立母体</th><th rowspan="2">通信方式</th><th colspan="2">ネットワーク</th></tr>
<tr><th>関東・中部</th><th>他地域</th></tr>
<tr><td>NTTドコモ</td><td>NTT</td><td rowspan="2">HiCAP</td><td></td><td rowspan="2">NTTドコモ</td></tr>
<tr><td rowspan="2">IDO</td><td rowspan="2">トヨタ自動車</td><td rowspan="3">IDO</td></tr>
<tr><td>N-TACS</td><td rowspan="2">セルラー</td></tr>
<tr><td>セルラー</td><td>DDI（京セラ）</td><td>J-TACS</td></tr>
</table>

1-2　「2G」…PDCデジタル通信方式

「HiCAP」「TACS」（ともに通話）は、FM変調で、1通話が1チャネルを専有します。

携帯電話の普及とともに、デジタル方式による周波数利用の効率化が求められます。

■PDCデジタル方式［1993年3月］

NTTドコモが、800MHz帯で日本独自の「PDC」デジタル通信を始めます。

各チャネル上を時分割で、同時に3台の端末が順次通信します。

デジタル方式では、IDO・セルラーや新規参入組も共通して「PDC方式」を採用します。

■1.5GHz帯の新規事業者参入［1994年4月］

日産自動車系「ツーカー」、日本テレコム（当時）系「デジタルホン」は、営業区域外を共同出資会社「デジタルツーカー」「ツーカーセルラー」でカバー、全国サービスを完成させます。

表2　PDCの営業地域

<table>
<tr><th rowspan="2">グループ</th><th rowspan="2">設立母体</th><th rowspan="2">通信方式</th><th rowspan="2">周波数帯</th><th colspan="3">ネットワーク</th></tr>
<tr><th>関東・中部</th><th>関西</th><th>他地域</th></tr>
<tr><td>NTT docomo</td><td>NTT</td><td rowspan="5">PDC</td><td rowspan="3">800MHz</td><td colspan="3">NTT docomo</td></tr>
<tr><td>IDO</td><td>トヨタ自動車</td><td rowspan="2">IDO</td><td colspan="2" rowspan="2">セルラー</td></tr>
<tr><td>セルラー</td><td>DDI（京セラ）</td></tr>
<tr><td>TU-KA</td><td>日産自動車</td><td rowspan="2">1.5GHz</td><td>ツーカーセルラー</td><td>ツーカーホン</td><td>ツーカーセルラー</td></tr>
<tr><td>デジタルホン</td><td>日本テレコム</td><td colspan="2">デジタルホン</td><td>デジタルツーカー</td></tr>
</table>

■ハーフ・レート化［1995年秋］

加入契約増から、NTTドコモが大都市に「**ハーフ・レート**」を導入します。

音声帯域を半分に削減、チャネルのスロット数を「3」から「6」にし、同時通話数を倍増させます。

＊

「**ハーフ・レート**」は、「**フル・レート**」と比べて音質が悪く、不評でした。

■端末の小型化と9,600bps回線交換方式

端末の小型化競争はPDCでも続き、1998年7月には69gの端末が発売されます。

図1-2　506G（IDO、京セラ）

音声帯域を利用した9,600bpsデータ通信が可能となり、「携帯電話」と「ノートPC」をケーブルで接続する、「モバイル通信」が始まります。

携帯電話との接続を前提とした、「メール、ブラウザ専用端末」も発売されます。

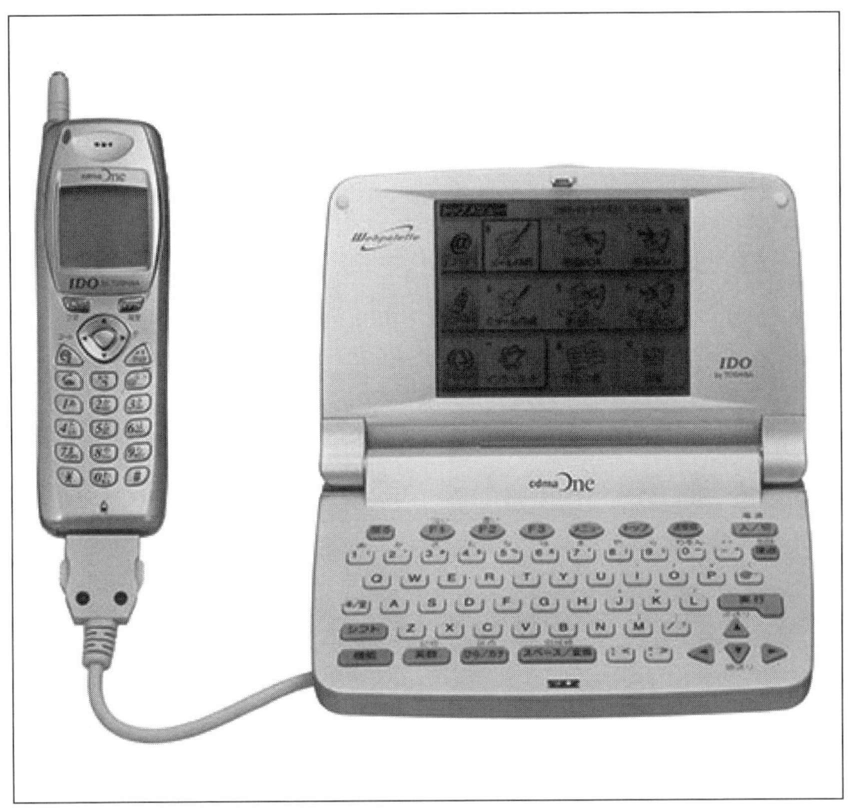

図1-3　Webpalette（IDO、東芝、接続端末はcdmaOne）

1-3 安価な高速データ通信の模索

PDCのデータ通信は、常に接続する「回線交換」で、接続時間に応じて課金されました。

低料金のサービスが求められます。

■PHS [1995年7月]

「NTTパーソナル」、「DDIポケット」、電力会社系「アステル」(当時)がサービス開始。

基地局は既存のISDN回線を利用、安価な利用料金を目指します。

■PIAFS 32Kbps回線交換 [1997年4月]

PHSの32Kbps音声帯域をデータ通信に使用する、「PIAFS」(ピアフ)が始まります。

*

本方式は端末だけでなく、接続するサーバ側も「PIAFS」に対応する必要がありました。

一部プロバイダは、PIAFS用アクセス・ポイントを用意しました。

■α DATA [1996年12月]

DDIポケットのデータ通信「α DATA」は、基地局内でアナログ変換を行ない、「FAX」や「14.4kbps」モデム用「アクセス・ポイント」に接続できました。

その後「32Kbps」、1999年7月に「64Kbps」の「α DATA64」を開始します。

■ショート・メッセージ [1996年4月]

回線接続用のデータを流す「共通線信号網」に短い「テキスト・メッセージ」を乗せ、「通話」とは別に「英数カナの短文」を送信する、「ショート・メッセージ」サービスが始まります。

1-4　高速パケット通信と新サービス

「回線交換方式」は、間欠データ送受信時に帯域の利用効率が悪く、料金が割高でした。

そこで、多数の端末が通信を行ない、通信量で「従量課金」を行なう、「パケット通信」が始まります。

■J-PHONE［1997年2月］

「デジタルホン・グループ」が名称を「J-PHONE」に変更します。

同年11月には日本の通信事業者で初めてSMSサービスを「Sky Walker」の名称で開始、先進性を印象づけます。

■DoPa［1997年3月］

NTTドコモがPDCで、1チャネル内の3通話ぶんの回線交換方式(9,800bps×3)のデータ通信を、一つの通信帯域とみなして複数端末間で共有する、最大28.8kbpsのパケット通信サービス「DoPa」を開始します。

1999年にはノートPCの「PCMCIAスロット」用のカード型端末も発売します。

■cdmaOne［1998年7月］

DDI・IDOが「北米CDMA方式」で、規格と同名の「cdmaOne」を開始します。

＊

当初の端末は回線交換14.4kbps、その後、パケット通信は最大144kbpsに対応します。

■事業者再編［1999年10月］

日産自動車が通信事業から撤退します。

「デジタルツーカー」はJ-PHONEと統合、J-PHONEが全国単一ブランドになります。

2000年10月には、DDI・IDO・KDDが合併して「KDDI」が誕生、「移動体通信事業」は「au」に一本化されます。

「ツーカーホン関西」「ツーカーセルラー東京・東海」は「KDDI」の傘下になります。

表3　事業者再編後の営業地域

グループ	設立母体	通信方式	周波数帯	ネットワーク		
				関東・中部	関西	他地域
NTT docomo	NTT	PDC	800MHz	NTT docomo		
KDDI	京セラ・トヨタ自動車			au		
			1.5GHz	ツーカーセルラー	ツーカーホン	
J-HONE	日本テレコム			J-PHONE		

■Air H"(AIR EDGE) [2001年6月]

加入者の減少が続いた「DDIポケット」が、携帯電話対抗の、「定額パケット通信」を導入。

「128kbps (4x)」高速通信は、携帯電話の「定額制」導入まで人気を博します。

1-5　携帯コンテンツの興隆

携帯電話専用のコンテンツが流行します。

■i-mode [1999年2月]

NTTドコモが、携帯電話用コンテンツのプラットフォーム、「i-mode」を開始。

携帯電話用に最適化された、「コンテンツ」「ブラウザ」「メーラー」「従量課金」で、人気を博します。

■EZweb [1999年4月]

auが「i-mode」対抗の「EZweb」を開始。

＊

米Unwired Planet（当時）が開発した「HDML」で書かれたコンテンツを、ゲートウェイが内部コードに圧縮、独自プロトコルで端末に送信する方式は、通信速度、料金面で優位でした。

＊

HTML・TCP/IPの標準規格で構成した「i-mode」と対照的です。

■WAP

Unwired Planetと端末メーカーが標準化団体を設立、HDML非互換のコンテンツ記述言語「WML」を策定。

その後、WAP Forumは発展解消し、「Open Mobile Alliance」がXHTML、TCP/IPベースの後継規格をリリースします。

1-6 「3G」…通信の高速化

音楽配信、動画配信の重量コンテンツに対応し、データ通信の高速化が進みます。

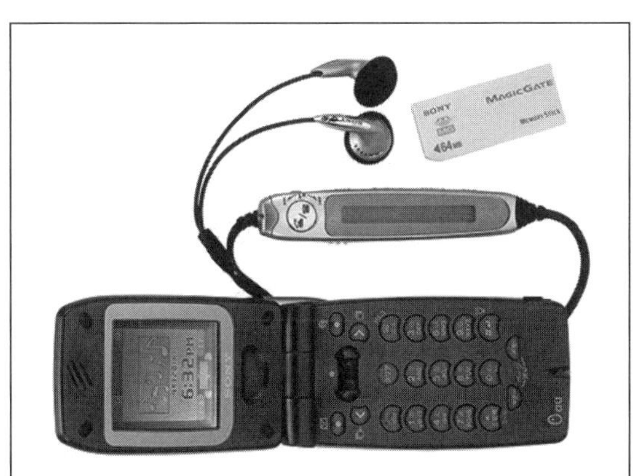

図1-4
DIVA C404S（au、ソニーモバイル）

■FOMA [2001年10月]

欧州標準「W-CDMA」方式を導入、下り最大「384kbps」の高速通信が注目を集めます。

■Vodafone参入 [2001年10月]

日本テレコムを「英Vodafone」が買収、Vodafoneブランドで携帯電話事業を継承します。

Vodafoneは欧州系の技術を導入していたため、NTT docomoと歩調を合わせ、3Gでは「WCDMA」を導入します。

■CDMA 1X WIN [2003年10月]

一方、北米方式を導入していたKDDIは、「EV-DO」を用いた「CDMA 1X WIN」を開始、当初下り最大「2.4Mbps」、2005年12月に「3.1Mbps」、2010年10月に「9.2Mbps」なります。

PCからのアクセスは対象外でしたが、「月額データ通信料金」を「定額」とし、話題になりました。

■ソフトバンク参入 [2006年3月]

「ソフトバンク」が、日本テレコムの固定電話事業とVodafone日本法人を買収。「ソフトバンクモバイル」ブランドでサービスを始めます。

独自の料金プランで注目を集め、事業者間で料金プランの競争が始まります。

■FOMAハイスピード [2006年8月]

NTT docomoが「HSDPA」を導入、「3.5世代」サービスとして、当初下り最大「3.6Mbps」、2008年4月に「7.2Mbps」、2011年6月に「14Mbps」になります。

■UQ WiMAX：2009年7月

既存の通信方式と異なるWiMAX方式での新規市場参入に、KDDIが応募、「UQコミュニケーション」を設立します。
市場寡占化の懸念から、第三者割当によりKDDIは出資比率を下げますが、母体の京セラと合わせ、50%近い出資比率を維持します。

UQはその後、auのMVNOとして**4G LTE**に「UQ mobile」の名称で参入しました。「WiMAX」との二本立てでサービスを提供しますが、2020年7月1日に事業をKDDIに譲渡。UQは「WiMAX」専業となる予定です。

■DDIポケットの私的整理：2010年9月

携帯電話の通話料金が低減するにつれ、安価なケータイであるPHSの事業存続が難しくなりました。

2010年9月にDDIポケットは長期債務の「私的整理」(事業再生ADR)を模索しましたが、翌月には会社更生法の適用を申請します。
ソフトバンクがスポンサーとなり、「ウィルコム」として再出発後、グループ内再編により「ワイモバイル」になります。

1-7　4G…LTE世界共通規格

各社がパケット定額制を導入。ケータイからインターネットへのアクセスが一般的になります。

世界標準のLTE規格により、端末を国外で使用する「**国際ローミング**」が実現します。
iPhoneがその決定打となります。

■Xi [2010年12月]

NTTドコモが**LTEサービス**を開始。

＊

当初下り最大「37.5Mbps」、2013年10月に東名阪で「150Mbps」まで高速化します。

■au 4G LTE [2012年9月]

iPhone取り扱いと同時に、当初下り最大「75Mbps」、2013年5月に「100Mbps」になります。

■Docomo PREMIU 4G [2015年3月]

複数の通信チャネルを束ねる「**キャリアアグリゲーション**」(CA)により、理論上の下り最大通信速度を向上させます。

当初下り最大「225Mbps」は、2周波数にまたがるCAに限りましたが、2016年6月には「375Mbps」、2017年3月には682Mbpsになります。

■au 4G LTE + WiMax 2+

CAでNTTドコモに先行、2014年5月に下り最大「150Mbps」、2015年夏に「225Mbps」になります。

その後、傘下「UQコミュニケーション」の「WiMax 2+」とのCAにより、2016年7月に「370Mbps」、2017年9月に「708Mbps」(WiMax2+ 2CA+au計3CA)になります。

1-8 「5G」…IoTに対応する広帯域高速通信

通信速度の「理論値」がCAで上がる中、混雑による「実効速度」の低下が問題になります。

新技術の導入、新規高周波数帯の利用で、爆発的な通信需要に対応します。

■5G [2020年3月]

既報のとおり、本年3月に大手三社が「**5G**」**商用サービス**を開始しました。

*

下り最大通信速度は、NTTドコモが「3.4Gbps」、auが「2.8Gbps」、ソフトバンクモバイルが「2.0Gbps」。

現時点ではサービスエリアが狭く、一般に利用されるまでしばらくかかるでしょう。

1-9　楽天の参入

2009年のUQ WiMAX商用サービス開始以来、独自の通信網を構築する通信事業者の登場で、市場の活性化が期待されています。

■楽天モバイル：2020年4月商用サービス

楽天は、MVNOとして通信サービスを提供してきましたが、1.7GHzの周波数帯の割当を受け、通信事業に新規参入したのは既報のとおりです。

2019年10月に5000人に無料の「先行サービス」を提供、本年4月からは商用サービスを開始しています。

4G網を展開中の段階で、先行するNTTドコモ、KDDI、ソフトバンクモバイルの三者を追いかける状況ですが、通信網を仮想化し、「**エッジ・コンピューティング**」対応を織り込むなど、先進的な試みもされています。
意欲的な料金体系も含め、今後に期待です。

1-10　KDDI ケータイ図鑑

KDDIでは、歴代の機種を「**ケータイ図鑑**」としてまとめています。
懐かしい写真が多くあり、必見です。

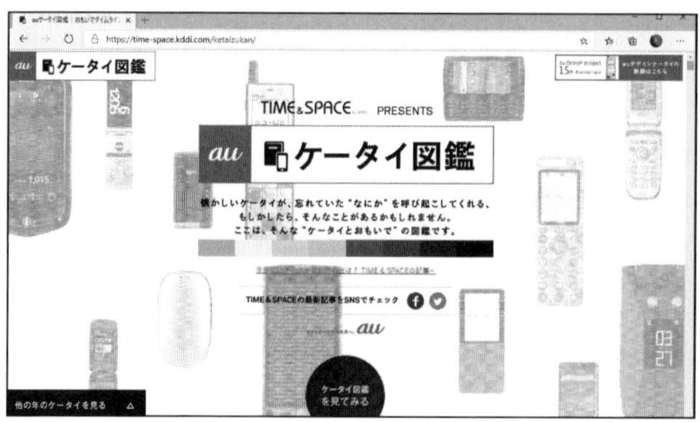

図1-5　ケータイ図鑑（https://time-space.kddi.com/ketaizukan）

※本文中の製品写真は「ケータイ図鑑」より転載

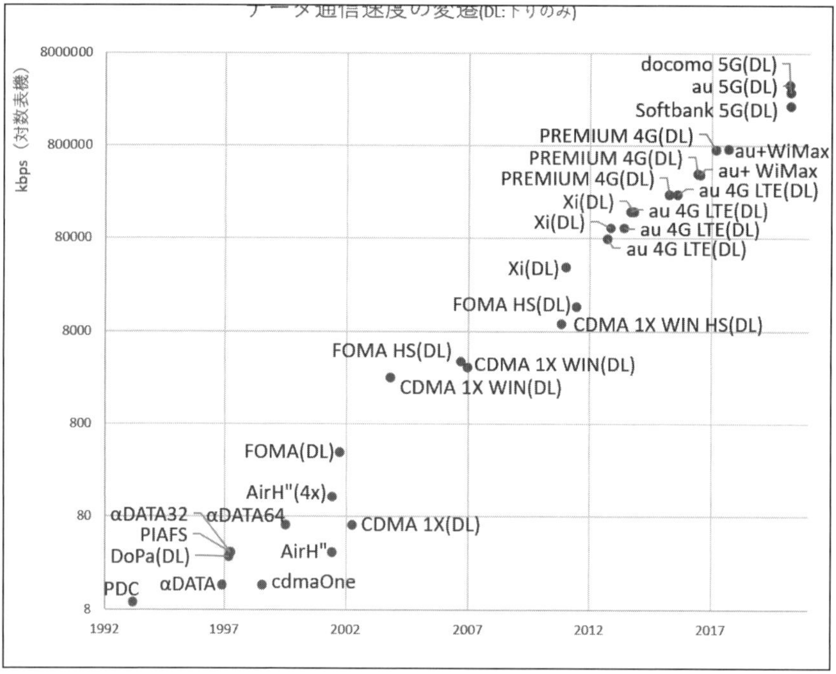

データ通信速度の変遷(DL:下りのみ)

kbps（対数表機）

8000000
800000
80000
8000
800
80
8

1992　1997　2002　2007　2012　2017

docomo 5G(DL)
au 5G(DL)
Softbank 5G(DL)
PREMIUM 4G(DL)
au+WiMax
PREMIUM 4G(DL)
au+ WiMax
PREMIUM 4G(DL)
au 4G LTE(DL)
Xi(DL)
au 4G LTE(DL)
Xi(DL)
au 4G LTE(DL)
au 4G LTE(DL)
Xi(DL)
FOMA HS(DL)
CDMA 1X WIN HS(DL)
FOMA HS(DL)
CDMA 1X WIN(DL)
CDMA 1X WIN(DL)
FOMA(DL)
AirH"(4x)
αDATA32
αDATA64
CDMA 1X(DL)
PIAFS
DoPa(DL)
AirH"
PDC
αDATA
cdmaOne

図1-6　データ通信速度の変遷

第2章

大幅にパワーアップした5G

「高速・大容量」「低遅延」「多端末同時接続」

■ 勝田有一朗

本章では、「高速・大容量」「低遅延」「多端末同時接続」を実現する「5G」の特徴と、それを実現する通信技術を紹介します。

2-1 「5G」を表わすキーワード

2020年春から、国内でも5Gのサービスが開始されました。

5Gは4Gから大幅にパワーアップしていて、これまでできなかったことがいろいろ実現するだろうと、喧伝されています。

＊

5Gの特徴を表わすキーワードとしては、次の言葉をよく見掛けます。

①高速・大容量 ②低遅延 ③多端末 同時接続

これらは具体的にどのようなことを意味するのか、これらを実現するのはどのような技術（新たな無線技術「5G NR」）なのかといったことを見ていき、5Gの特徴を掴んでいきましょう。

2-2 高速・大容量

■「無線通信技術」の最も重要なポイント

5Gの大きな特徴の1つが、「高速」「大容量」通信である点です。

「高速」とは1秒間に通信できるデータ量が多いことを表わしていて、5Gのダウンロード速度は「最大20Gbps」を目標としています（4Gは最大「数百Mbps ～1Gbps」）。

そして「大容量」とはその高速な通信を長時間持続させ、実際に何ギガ、何十ギガという大容量データを、実用的に扱えることを意味します。

これは、無線通信技術にとって最も重要なポイントと言っても過言ではなく、高速大容量通信への挑戦が、無線通信技術発展の歴史とも言えます。

さて、無線通信の高速化にはいくつかの手段がありますが、基本的には、

①通信路の幅を広くして、多くの通信を並行して行なう
②一度の通信に複数の情報を重ねて送る

という考え方がベースとなります。

できるだけ同時に、多くの情報を通信して高速化を図るという考え方です。

*

従来の「4G LTE」では主に、次に挙げる技術を用いて高速化が図られてきました。

（もちろん、これらの技術は「5G NR」にも活かされています）。

●キャリア・アグリゲーション

「複数周波数帯」の通信を、1つにまとめて高速化する技術。

「通信路の幅」を広げる高速化手法です。

●4×4MIMO

「複数アンテナ」を用いて、同時に複数通信を行なう技術です。詳しくは後述します。

●256QAM

信号の「振幅」と「位相」の組み合わせパターンを用いて、1つの信号に複数ビットの情報を乗せる変調技術を「直交振幅変調」(QAM)と言います。

「256QAM」は1つの信号で256通り（8ビット）の情報を送れます。

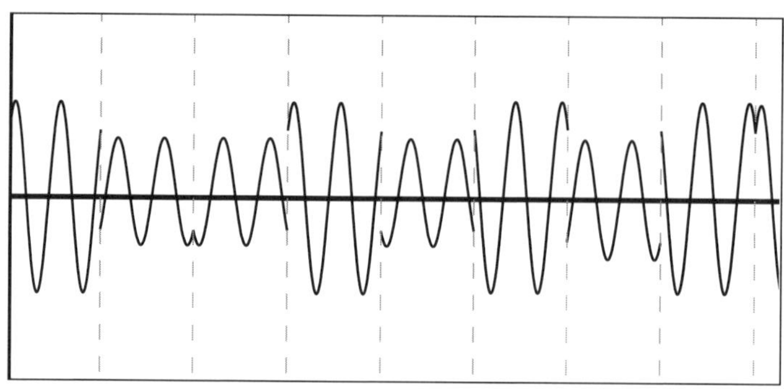

図2-1　QAM変調波の模式図。振幅（波の高さ）と位相（左右のズレ）の組み合わせで、異なる状態を表わす。「256QAM」ともなると、振幅と位相の段階分けがとても細かくなるので、強力なノイズ対処が求められる

■ 5Gは「広帯域幅」「高周波数化」へ

基本的にこれまでの無線通信の発展は、限られた共有資源である電波を効率良く用いるため、1つの周波数帯にできるだけ多くの情報を重ねて高速化を図ろうといった方向性が、強く押し出されていたように感じます。

ただ、単純に通信の高速大容量化を実現するのであれば、広い周波数帯域幅を確保して電波を潤沢に用いるのが、いちばん手っ取り早い方法です。

そこで「5G NR」は従来よりも大幅な広帯域幅、高周波数化を行なうことで、高速大容量化を実現する方向へと舵を切っています。

「4G LTE」では、1キャリア当たり「最大20MHz」だった帯域幅が、「5G NR」では「最大100MHz/200MHz/400MHz」といった帯域幅に拡大されていて、これだけで何倍もの通信速度向上が見込まれます。

実は、「4G LTE」と「5G NR」で通信方式そのものに大きな変更はないので（下り：OFDMA※1、上り：SC-FDMA※2）、この広帯域幅化が、通信速度アップの要（かなめ）と言えるでしょう。

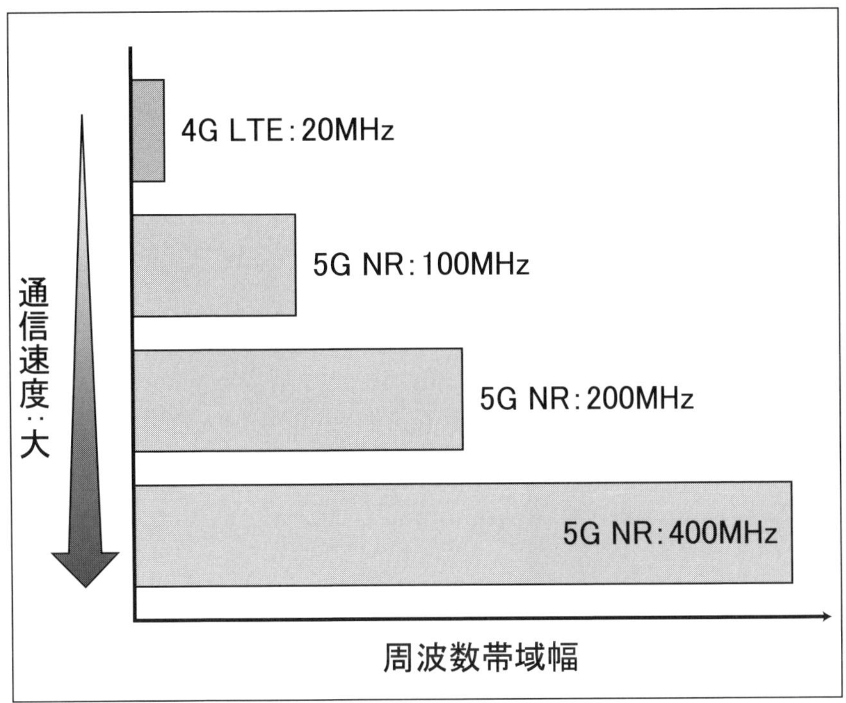

図2-2　1キャリア当たりの帯域幅が通信速度の大枠を決める

※1　OFDMA
無線LANなどにも用いられている「OFDM」（直交周波数分割多重化変調）をマルチ・ユーザー通信対応に拡張したものです。
信号を複数の細かい搬送波（サブキャリア）に分割して送受信するのでノイズなどの外的要因に強く、またデジタル変調の特徴を活かして見掛け以上にサブキャリアを詰め込める（周波数軸の直交）ので通信の高速化にも貢献します。

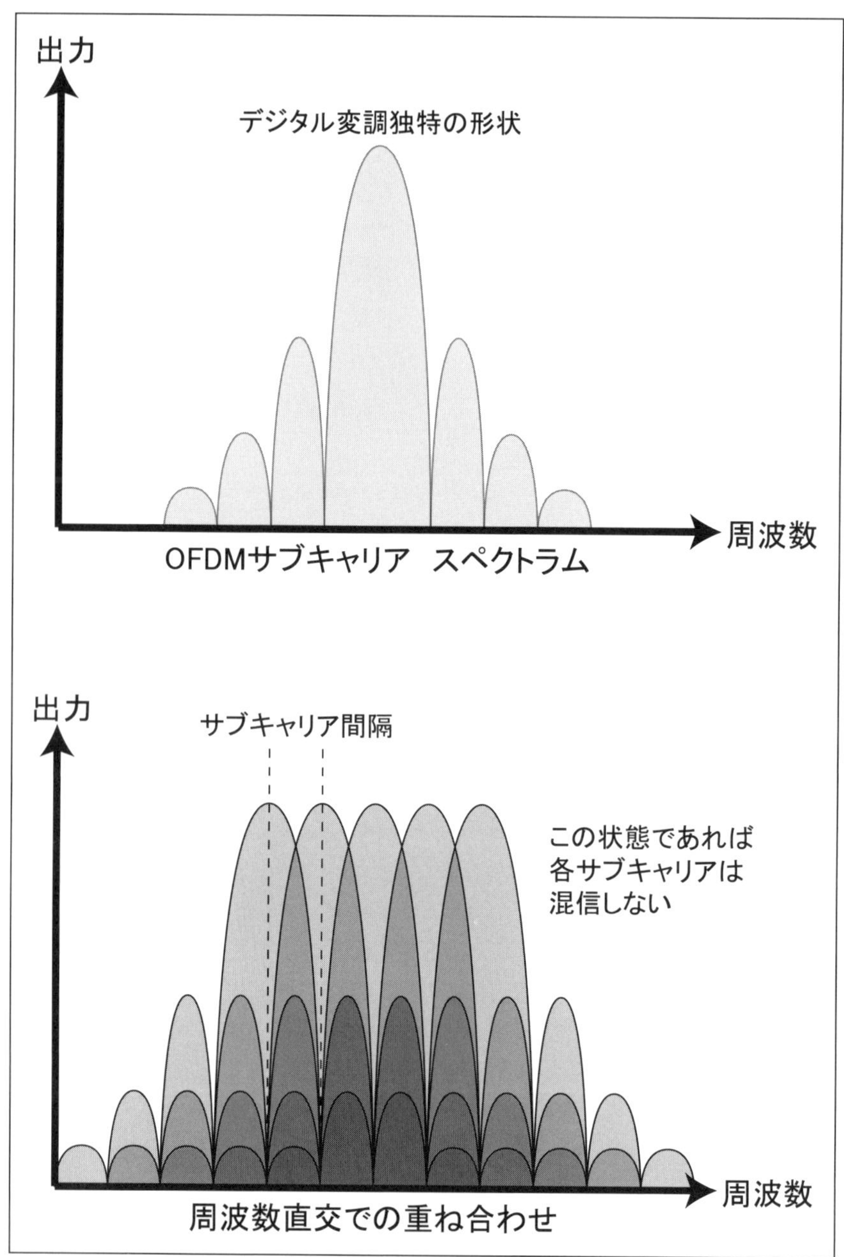

図2-3　OFDMAの特徴

※2 SC-FDMA
基本的な原理は「OFDMA」と同じですが、上り（端末側からの送信）ということもあってより省電力に配慮した方式となっています。
また、異なる複数の端末からの同時送信にも配慮する仕組みが備わっています。

＊

なぜ「4G LTE」の帯域幅が「最大20MHz」にとどまっていたのか、その理由は主に使用する電波の周波数帯にあります。

「4G LTE」では主に「800MHz帯」と「2GHz帯」という周波数帯を用いていましたが、この周波数帯は携帯電話以外の用途にもいろいろと使われていて、広い帯域幅を一気に確保できないのです。

＊

では、「5G NR」でこのような広帯域幅の確保が可能になったのはなぜかと言うと、それは「5G NR」で用いる電波の周波数帯が大幅に高周波数化したからです。

「5G NR」では、「Sub6」と呼ばれる「6GHz以下」の周波数帯（主に「3.6〜4.6GHz帯」）が用いられます。

また、これだけではなく、さらに高周波の「ミリ波帯」(主に「27〜30GHz帯」)も用意されています。

これらの高周波数帯は、他の用途であまり使われていなかったため、「Sub6」で「1GHz幅」、「ミリ波帯」で「3GHz幅」という広帯域幅を「5G NR」用に確保できたのです。

（「5G NR」の1キャリア「400MHz」という帯域幅は高周波の「ミリ波帯」専用のもの）。

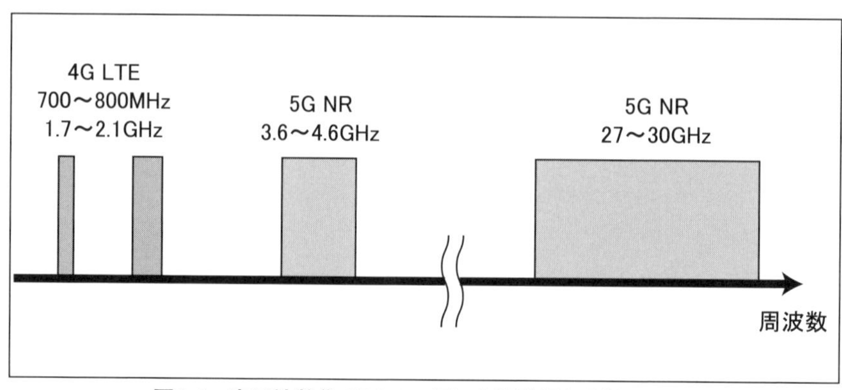

図2-4　高周波数化で5G NR用に広帯域幅を確保している

＊

ただ、高周波数化はメリットばかりではありません。

一般的に電波は高周波数化すると障害物に弱くなって減衰しやすく、市街地などでは遠距離に届きにくくなります。

必然的に、基地局1台あたりのサービスエリアも極端に狭くなります。

「4G LTE」で低い周波数帯の「**プラチナバンド**」が、通信が途切れにくいとして重宝されていたのを覚えている方もいるでしょう。

「5G NR」で用いられる高周波の「ミリ波帯」ともなると、木々の葉っぱが揺らぐだけで通信に影響が出ると考えられます。

＊

このように高周波数帯の電波は減衰しやすく安定した通信は難しいのですが、その問題を解決するための技術が、次に解説する「Massive MIMO」です。

■ Massive MIMO

「MIMO」(Multiple Input Multiple Output)は現代の無線通信に欠かせない技術で、「4G LTE」や「無線LAN」でも用いられています。

これは複数のアンテナが同時に異なるデータを送受信することで、通信速度を倍加させる技術です。

本来、同じ周波数で異なるデータを同時送信すると、混信して意味不明な信号となるのですが、複数アンテナの混信具合をあらかじめ計測しておけば、受信後に演算で元の状態に分離することができる、というものです。

これが「MIMO」による通信高速化の原理になります。

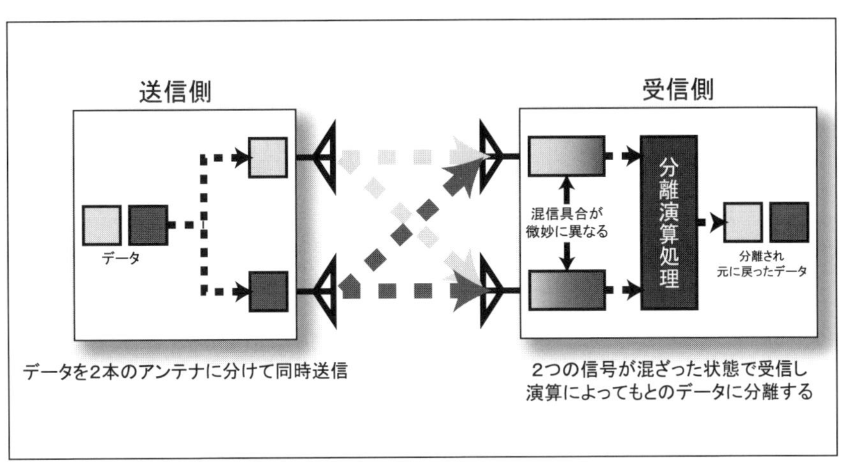

図2-5 「MIMO」の原理

また、「MIMO」には複数用意されたアンテナそれぞれの出力やタイミングを微調整することで、反射や回析などを繰り返して端末に届いた電波が、その場所で特に強い電波となって現われるように届ける「ビーム・フォーミング」という技術もあります。

これが高周波数帯での電波減衰を補います。

「ビーム・フォーミング」によって、より遠くへ、安定した通信が可能となります。

＊

そして従来の「4G LTE」や「無線LAN」では、「最大8本程度」のアンテナによって行なう「MIMO」が主流でしたが、「Massive MIMO」は「最大数百本」のアンテナで通信を行ないます。

アンテナ本数が多いほどより精細な「ビーム・フォーミング」が可能で、「5G NR」は、この「ビーム・フォーミング」で、本来弱いとされている市街地などでの不安定な高周波帯通信を実現しています。

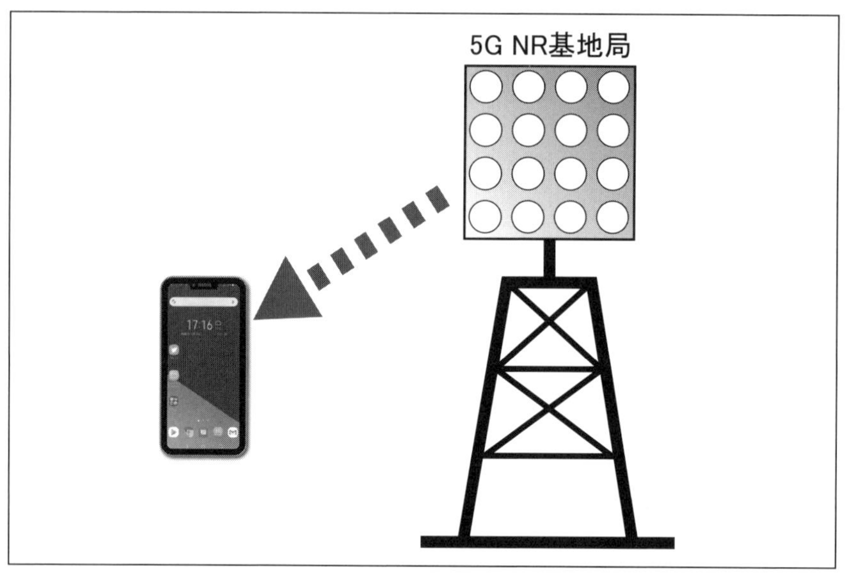

図2-6　多数のアンテナによる精細な「ビーム・フォーミング」

2-3 低遅延

■ 遅延は4Gの「1/10」

5Gの特徴として、「高速大容量」と並んで喧伝されるのが、「低遅延通信」です。

携帯回線の通信が低遅延化すると、ゲームなどのエンターテインメント分野をはじめ、自動運転のようなシビアなリアルタイム性を求められるサービスも、携帯回線で提供可能になると言われています。

さて、ネットワークにおける遅延とは、一般的に端末と端末(端末とサーバ)間で通信を行なう際、通信パケットの往復にかかる時間を指します。

遅延が大きいと通信のレスポンスが悪くなります。ネットワーク対戦ゲームなどで遅延が重要視されるのはこのためです。

*

たとえば、インターネット上の平均的な遅延を例にすると、日本国内であれば「数ms～数10ms」(1ms=1/1,000秒)、日米間で約「100ms」、日欧間で約「200ms」と言われていて、距離に比例して遅延も大きくなる傾向があります(途中経路にも大きく左右される)。

では実際に「5G NR」で求められる遅延はどれくらいかというと、なんと「1ms」という数値が求められています。

これは有線LANの遅延に匹敵するほど低遅延です。

「4G LTE」の遅延が「10ms」だったので、5Gでは遅延を「1/10」にすることが求められています。

■ プロトコル改良による「低遅延」

「1ms」という超低遅延を実現するのは難しいものがありますが、そのアプローチの1つとしてプロトコル改良による無線通信そのものの改善が挙げられます。

＊

まずプロトコルを簡略化し、1回の通信で送受信するパケットを小型化しました。こうすることで、より通信のレスポンスが向上します。

また、「5G NR」では、「OFDMA」のサブキャリア間隔を「4G LTE」の「15KHz」から広げることで（「75kHz」採用が多い）、1サブキャリアあたりの情報量を引き上げます。

さらに、端末へ無線リソースを割り当てる際の「伝送時間間隔」（TTI）を「1ms→0.25ms」と短縮することで、一回の伝送時間を短縮しながらもサブキャリアあたりの通信量を維持する仕組みになっています。

＊

これも低遅延化に大きく貢献しています。

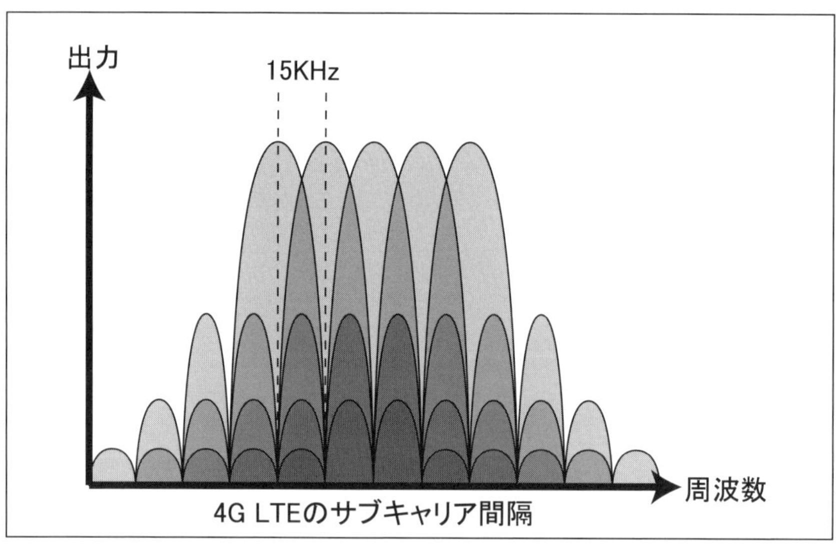

4G LTEのサブキャリア間隔

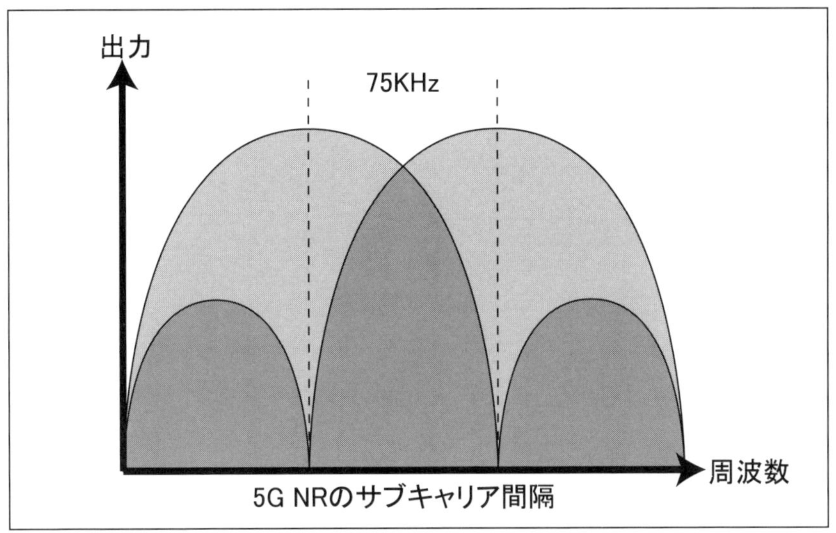

図2-7 4G LTEと5G NRのサブキャリアと伝送時間の違い

■ MEC

5Gにおいて低遅延化の鍵を握るのが、「MEC」(マルチアクセス・エッジコンピューティング)の導入です。

＊

先にも少し触れていますが、そもそも「遅延とは何なのか」を考えると、それは「手元の端末」から「サービスを提供するクラウド」までの「応答にかかる時間」に他なりません。

「5G NR」の技術によって、端末から基地局までの無線通信部分の遅延は極力削ることができました。

しかしながら、実際は基地局の先、インターネット上のクラウドまでを含めた遅延が、私たちの感じる(サービスに影響のある)遅延ということになります。

これは途中経路にインターネットが挟まる以上、正直なところ改善するのは難しいと言えるでしょう。

そこで、5Gで提唱されている「MEC」では、基地局または基地局のすぐそばにサービスを提供する、「エッジ・サーバ」を設置して低遅延を実現します。

基地局近くの「エッジ・サーバ」までで通信が完結すれば、“低遅延を保証できる”というわけです。

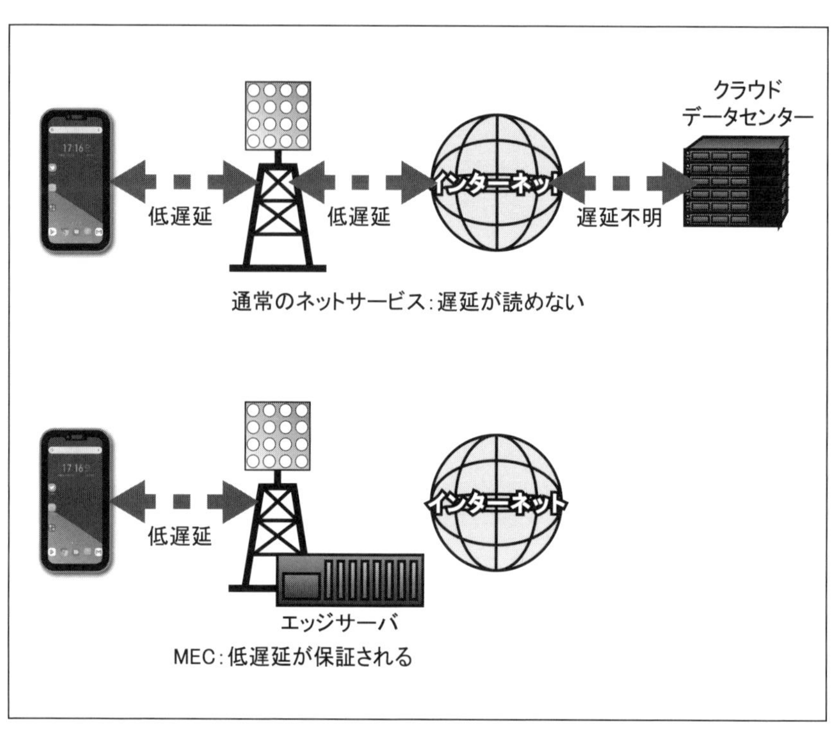

図2-8　端末と基地局の間だけで通信を完結することが低遅延の条件

2-4 多端末同時接続

■「100万デバイス/平方km」が目標

5Gでは、同時に多数の端末と通信できることも重視しています。

スタジアムやライブ会場で、観客全員が安定した通信を行なえるというシーンも、5Gの特徴としてよく語られます。

＊

具体的な数値としては、4Gの同時接続数が「10万デバイス/平方km」だったのに対し、5Gでは「100万デバイス/平方km」を目標としています。

実に10倍にもなる目標値は、今後普及するであろう「IoTデバイス」で5G通信が用いられることも想定しています。

■ グラント・フリー

「多端末同時接続」で重要となる「5G NR」技術の1つが、「**グラント・フリー**」という通信モードです。

＊

通常、無線通信を行なう際は、まず端末と基地局間でネゴシエーションを行ない、基地局が事前許可（グラント）を発行します。

そして、端末は、「グラントで許可された方法にてデータ送信を開始する」という、仕組みになっています。

これは確実な通信方法ですが、ネゴシエーションは本来のデータ通信には関係ない時間で、この間は他端末も通信に割り込めないので、結果的に同時接続端末数を制限している状態でもあるのです。

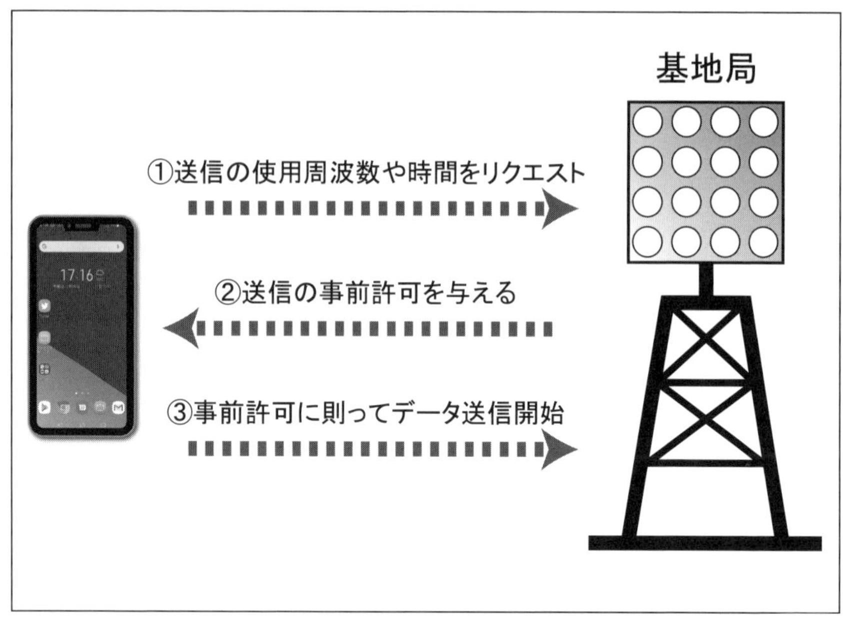

図2-9　一般的な通信開始手順

そこで、「5G NR」の「グラント・フリー」では、事前許可の手順を全部飛ばしていきなり端末からのデータ送信を可能とします。

これにより通信時間が短縮され、結果的に多くの端末が同時接続できるようになります。

＊

ただ、勝手にデータを送信するので、受信に失敗するケースも当然生じます。

受信失敗を想定して、幾度か再送する仕組みも備わっていますが、最終的にパケットロスの可能性がゼロではない通信方式です。

それでも従来方式よりメリットが勝るため、稀なパケットロスであれば影響を受けない、センサ系の「IoTデバイス」などでの利用が考えられています。

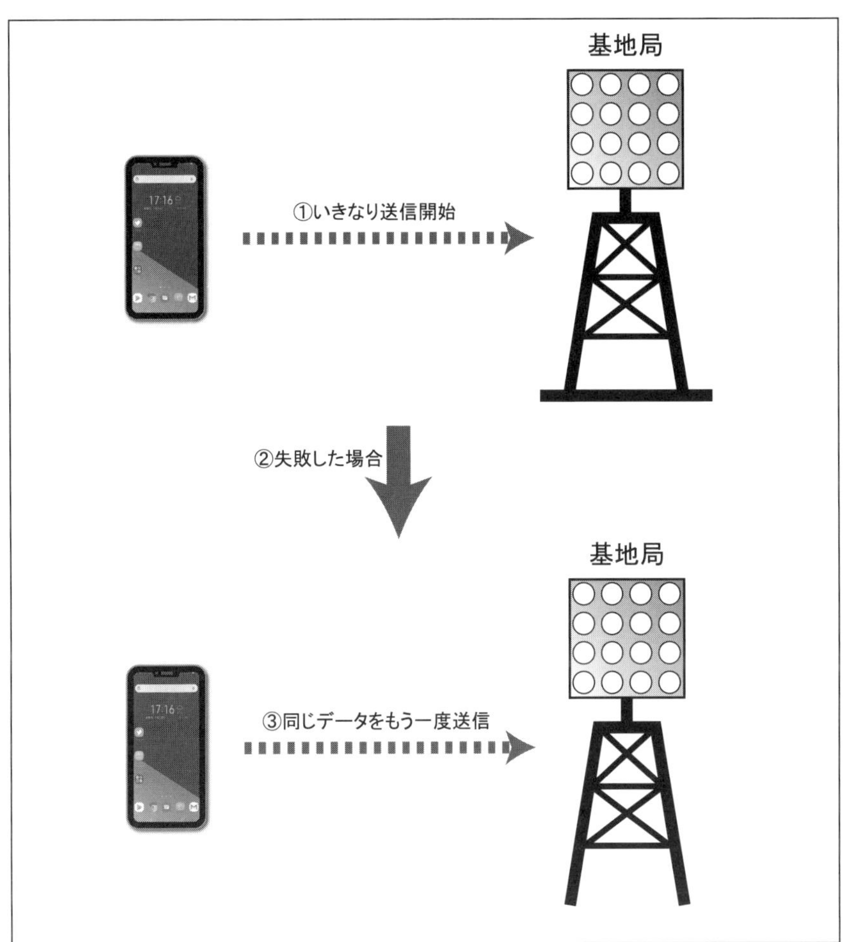

図2-10　「グラント・フリー」による通信手順

■ MU-MIMO

先でも解説していた「Massive MIMO」は多端末同時接続のためにも有用な技術です。

たとえば、「Massive MIMO」の数百個におよぶアンテナを数個ずつに区分けし、それぞれ別端末に向けた「ビーム・フォーミング」を行なえば、多端末に対して同時に安定した通信ができます。

＊

このようなアンテナの使い方を、「MU-MIMO」(マルチ・ユーザーMIMO)と言います。

「MU-MIMO」は現行の「4G-LTE」や「無線LAN」にも採用されていますが「Massive MIMO」の桁違いのアンテナ数によって、より多くの多端末同時接続を実現します。

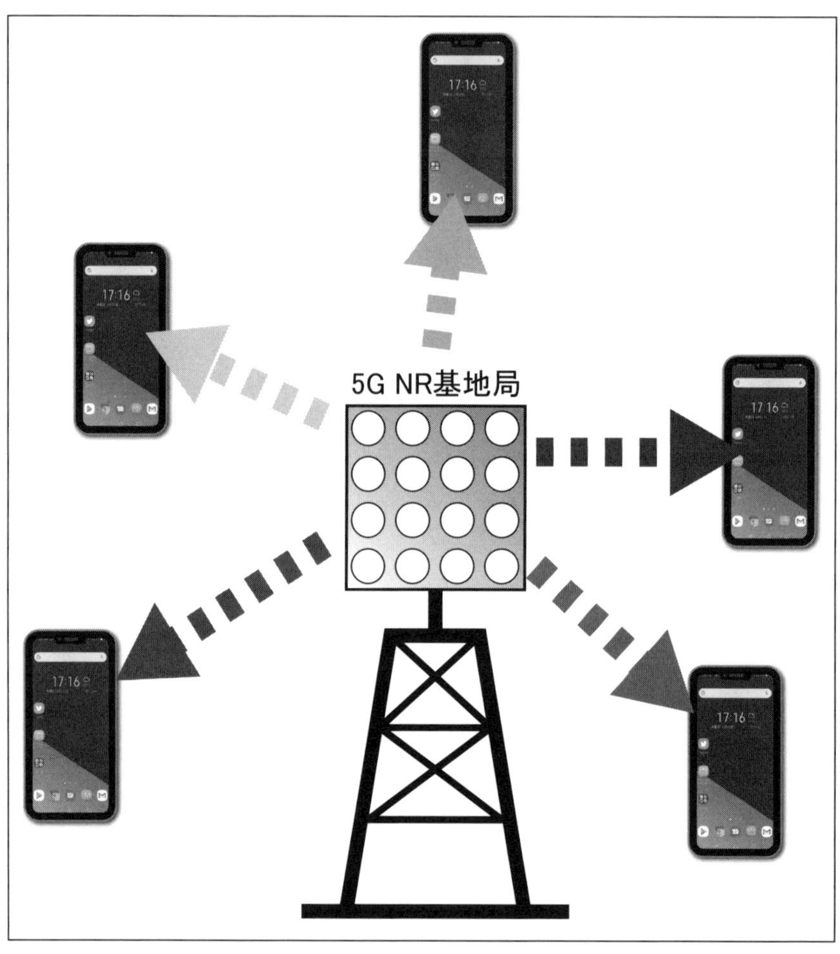

図X-11　「ビーム・フォーミング」が多数端末への同時接続を行なう

2-5　これらの恩恵はまだ充分に受けられない

以上が、①**高速・大容量**、②**低遅延**、③**多端末同時接続**という、5Gの特徴と、それを実現するための主要技術になります。

＊

ただ、現在は、5G対応のスマホを持っていても、これらの恩恵を充分に受けられる状況には至っていません。

5G元年とも言うべき2020年、現在は4Gから5Gへの移行の最初期段階であり、「5G NR」基地局はまだまだ少ない状況です。

そのため「5G NR」基地局のネットワーク構成は4Gコアネットワークに依存する「NSA」(Non Stand Alone)という形態になっており、通信開始前などの制御通信部分では「4G LTE」を用い、本番のデータ通信が開始されると「5G NR」を用いるという2段構えのかたちを採っています。

＊

ただ、先の解説でも触れているように「5G NR」の重要技術は制御部分に関わるところが大きく(低遅延化など)、現状の5Gには広帯域幅を利用した高速大容量通信くらいしか恩恵がない、と考えられます。

「5G NR」基地局の整備が進み、ネットワーク構成が5Gコアネットワークを用いた「SA」(Stand Alone)形態に切り替わる2023年ころからが、5Gの本領発揮となるでしょう。

第3章

5Gで実現する社会

創り出す臨場感と人と機械の仲立ち

■ 清水美樹

「5G通信」の普及がいつごろになるのか、それでどんな良いこと悪いことが起こるかは、まだ推測にすぎません。しかし、「高速」「遅延解消」「多数同時接続可能」の通信が、今の社会のどのような問題を解決していくのか、希望をもって考えたいと思います。

3-1 5Gとコロナの妙な関係

■英国での噂

2020年3月から4月にかけて、英国の一部で「5Gが人体に影響し、コロナウィルス感染拡大を助長している」という噂が生じ、通信施設に放火される騒ぎになりました。

後日、英国政府が記者会見で、「5G」と「新型肺炎」の関係を否定しました。

■エリアを探したくても

一方、日本では、いくつかの事業者が本年3月に5Gのサービスをエリア限定で開始しました。

ところが、同時期にコロナウィルス感染拡大が懸念され、5G電波を求めて街をウロウロというわけにいかないという話が聞かれました。

新しい技術の普及・改良には、関心の高い「人柱」的なユーザーの試用が大きな力となるだけに、コロナウィルスが5Gのサービス拡大を阻害した感があります。

■高まる現実の必要性

一方で、5Gは離れている人々をいかに結びつけるかのカギになると思います。

コロナウィルス感染の脅威に人々の行動が抑制され、テレワークの増大、休校や分散授業、イベントの中止や縮小が、社会的経済的に深刻な問題を及ぼしていることを考えると、「臨場感のあるリモートスポーツ観戦」「出張せずにすむテレビ会議」「リモート合唱合奏」などが、現実の問題解決法として急速に必要とされているのではないでしょうか。

3-2　「5G」が可能にする通信で何ができるのか

■「高速」「遅延解消」「多数接続可能」なら

5G通信についての技術的な解説や課題は他の記事をご覧いただくとして、ここでは、5Gが可能にする通信の性質だけを心にとどめます。

すなわち、「高速化」「遅延の解消（リアルタイム化）」「多数同時接続」。

これらを活用して、すでに実証実験が行なわれていることを紹介します。

■「5Gだけ」ではあまりない

ただし、「5Gだけ」では、できることはあまりありません。

5Gは「データ」を大量に速く運ぶ役割であり、その「データ」の取得のためのセンサやカメラ、マイク、運ばれてきたデータを利用するための計算処理やレポートツールがあって、初めて社会は変わるでしょう。

特に、無人化や作業者の負担軽減を目指すなら、人の代わりに手足を動かすロボットやドローンが必要になります。

3-3　造船・建設

■総務大臣賞を受賞した「造船技術」への応用

ちょっと古い話ですが、総務省が2018年秋に「5G利活用アイディアコンテスト」を行なったのをご存知でしょうか。

企業、自治体、研究機関による優秀な活用アイディアが選考されています。

総務省の5G利活用アイディアコンテスト（2019年1月選考結果発表）
https://5g-contest.jp/

その中で、総務大臣賞に選ばれたのが、「愛媛大学大学院理工学研究科分散処理システム研究室」による、造船所でのクレーン作業の環境改善のアイディアです。

クレーンの操作は、資格はもちろん高度な熟練した技術を必要とします。

また、造船所で用いる巨大なクレーンでは、作業室が60m以上の高さにあり、食事や洗面所にも行けない環境での作業が長時間続きます。

そこで、この作業室を地上に設営し、クレーン作業は高所から撮影した映像を見ながら行なうという案です。

図3-1はその説明図の一部です。

これのどこが5Gかというと、映像だけでなく音響も取り込んで、作業員に「臨場感」の中で作業してもらおうというのです。

とすると、カメラもマイクも複数の方向から映像・音声を同時に採取し、作業員の操作に対する反応を高品質で、遅延なく、かつ同期した状態で届けなければなりません。

さすが造船業の盛んな四国らしい、壮大な5G活用アイディアです。

「作業の自動化」ではなく、「**作業する人の周りに仮想空間を作る**」というところが、面白い発想です。

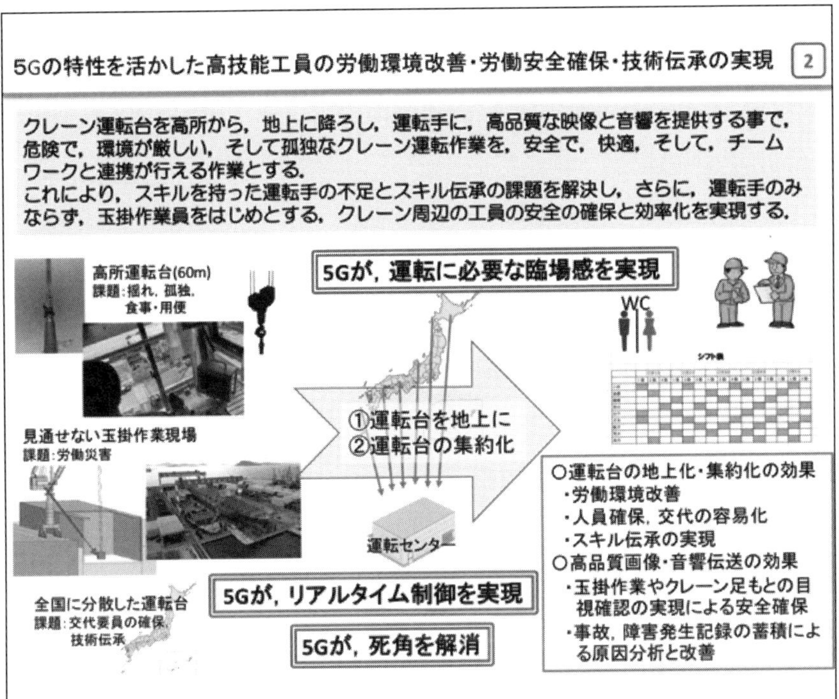

図3-1　総務大臣賞を受賞した「5Gの特性を活かした高技能工員の労働環境改善・労働安全確保・技術伝承の実現」説明図の一部。愛媛大学大学院理工学研究科分散処理システム研究室

■道路造成実証実験

建設方面で5Gを活用する実証実験が行なわれた例では、2020年2月にKDDI、大林組、NECが「道路造成工事」に関わる一連の作業を、「無人建機」の「遠隔操作」と「自動化」により行なっています。

> ★5Gを用いた道路造成作業実験を伝えるKDDIの報道資料
> https://news.kddi.com/kddi/corporate/newsrelease/2020/02/14/4284.html

前方映像用カメラによる建機の自動運転に加えて、「掘削」「運搬」「転圧」など作業される、土砂の様子やデータもリアルタイムで遠隔の施工管理室に転送します。

専門技能を有するオペレータが現場に行かずともよく、一人の熟練工が複数の現場に対応できるなどの効果を目指しています。

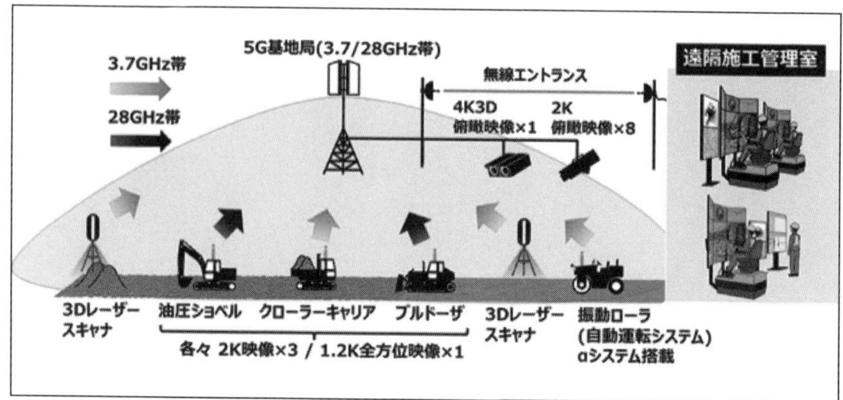

図3-2　KDDI, 大林組、NECによる道路造成実証実験のイメージ図（上記報道資料より）

3-4　農業・漁業

■「スマート農業」と「ローカル5G」

ITを活用して農作業の自動化、作物の生育状況などの情報をデータベース化して農家の負担を軽減・生産を促進する「スマート農業」は以前から研究が行なわれています。

その中でも、「5G」の活用を目的とした取り組みのために、NTT東日本、NTTアグリテクノロジー、東京都農林水産振興財団が連携しています。(2020年4月)

★NTT東日本の報道資料
https://www.ntt-east.co.jp/release/detail/20200403_01.html

この連携で三者が目指すのは、「ローカル5G」でカメラやスマートグラス、ロボットを結びつけた最先端農業技術の実装です。

「ローカル5G」とは、携帯電話事業者による全国レベルのサービスとは別に、地域の企業や自治体などが組織内でのみ構築する5Gネットワークです。

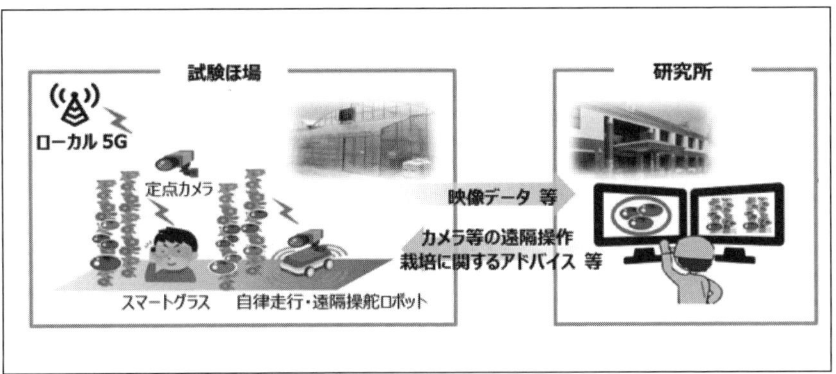

図3-3　NTT東日本他がめざすローカル5Gを活用したスマート農業のイメージ
（上記報道資料より）

■スマート養殖

漁業の中で、養殖は、「温度」「塩分濃度」「給餌」などの「データ分析」「成長予測」などが以前から研究されてきました。

5Gを活用した養殖の研究では、東京大学とNTTドコモの共同で、「水中ドローン」による「漁場遠隔監視」が行なわれており，最近「カキ養殖」の実証実験が成功したと発表されています（2019年11月）。

★NTTドコモの報道資料
https://www.nttdocomo.co.jp/binary/pdf/info/news_release/topics_191127_00.pdf

5Gで大容量のデータを転送できるため、水中ドローンから送信する画像を高画質にできます。

5Gのリアルタイム性を利用してドローンを遠隔操作します。

こうして、海中でのカキの産卵や生育状況を養殖いかだ上で直接調べる作業負担が軽減されることになります。

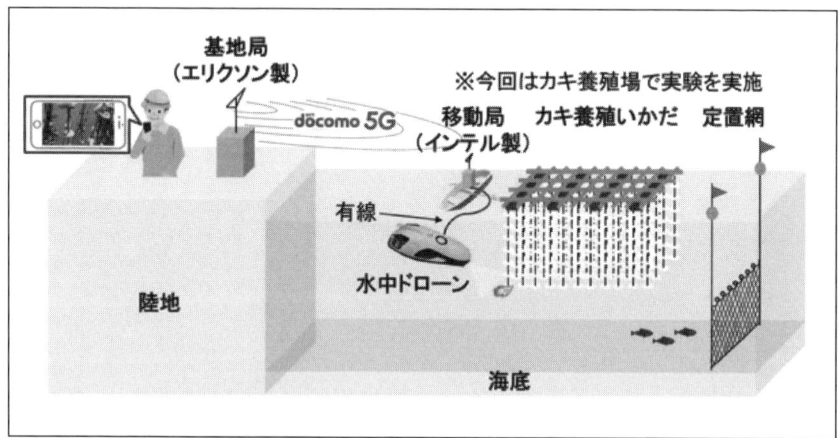

図3-4A　5Gでドローンを操作し、高画質の画像を送信させる（上記報道資料より）

図3-4B　水中ドローンの進化も早い。4K 30fpsのビデオや12Mピクセルの静止画が撮れるものもある

3-5 医療

■救急搬送

今の進んだ救急搬送では、救急車と病院の間をドクターカー（救急医療機械を装備し、医師と看護師を運ぶ専用車）が仲立ちします。

NTTドコモと前橋市で、これらを**5G**で結ぶ実証実験を行なっています。

患者を救急車からドクターカー、さらに救急病院に運ぶ間に、患者の既往歴などの情報、傷や容態、心電図などを救急車・医師・病院で共有します。救急車とドクターカーにそれぞれ「**ローカル5G**」の移動局を置きます。

★NTTドコモの救急搬送実験レポート
https://www.nttdocomo.co.jp/biz/special/5g/testmark/003/

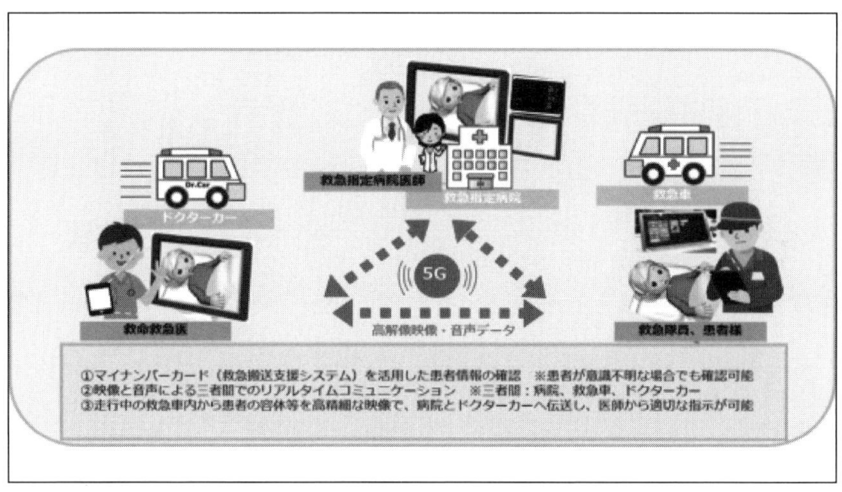

図3-5　救急車・ドクターカー・救急病院での患者情報共有（上記レポートより）

■地域間の医療格差解消

NECでは、2017年から過疎地での診療所と都市部の病院との、通信連携による地域間医療格差解消に取り組んでいます。

そして、今5Gの導入により「伝送映像の精細化」「リアルタイムのテレビ会議」など、大幅な進歩が期待されています。

患部の撮影画像、エコー画像などを診療所と大学病院の医師が共有して会議を行ないます。和歌山県での取り組みが報告されています。

★NECの遠隔医療に関する記事
https://wisdom.nec.com/ja/collaboration/2018033001/index.html

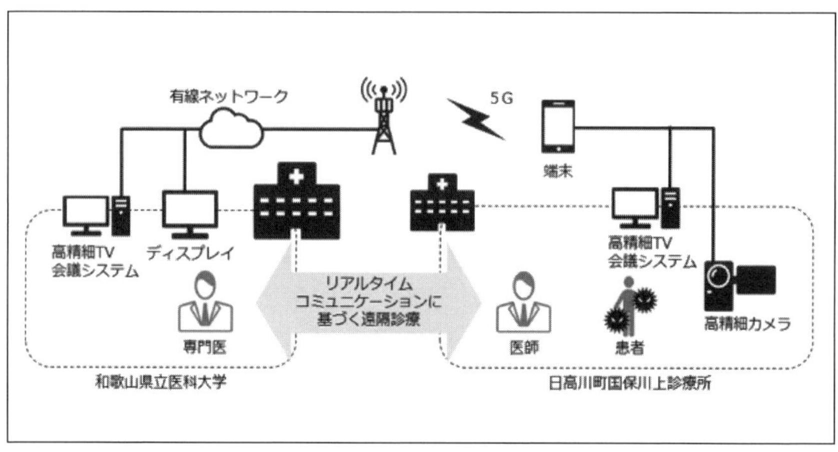

図3-6　診療所と大学病院とのパイプとなる5G通信報共有（上記レポートより）

■触覚伝送と臨場感

富士通では、遠隔医療における医師の「五感」を実現する研究をソフトバンクと共同で行なっています。

遠隔地にロボットアームを置き、操作室にいる医師が目で見ながらロボットアームを操作して、モノをつかんだり持ち上げたりするのですが、応答には「画像」だけでなく、それらの「触覚」も受けます。

★富士通の技術レポート
https://www.fujitsu.com/jp/solutions/industry/contents/trends/06/11/

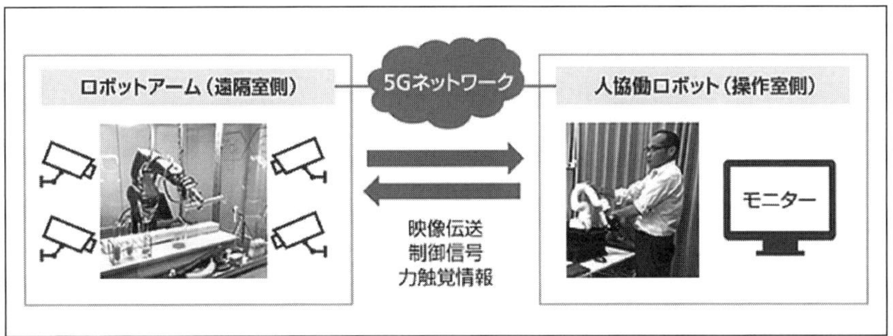

図3-7　遠隔地と操作質で医師に視覚と触覚を伝えるしくみ（上記レポートより）

3-6　結局、「5G」とは何か

■臨場感を作る5G

今回お伝えした事例で、最初のもの（仮想クレーン作業室）と最後のもの（医師への触覚伝達）を見てください。

どちらもキーワードは「臨場感」です。

「臨場感」とは、目を向けた方向のものが見える、横や後ろからも音が聞こえる、さわれば圧力や温度が伝わるというようなことです。

つまり、リアルタイムでの複数情報の転送です。

5Gは「臨場感」を作る技術と言えます。

■人の能力の新たな活かし方

「ロボット」「AI」の進歩に不安がよぎるのは、これだけでは技術に人間が排除されていくシナリオになるからです。

しかし、「通信」には人が物理的に得られない情報を仮想的に与えることによって、人の能力を活かし、負担を軽減する可能性があります。5Gは人と機械の仲立ちをして、新しい柔軟な社会を創出するかもしれません。

第4章

5Gの問題点

「便利さ」と「健康問題」を考える

■ 某吉
■ 瀧本往人

「5G」のサービスは始まったばかりです。スマートフォンが人々の生活に浸透し、密接している今、「5G」への移行は避けられません。しかし、新しい技術に対する不安や疑問などが生まれます。ここでは、「5G」に関するさまざまな問題を検証してみたいと思います。

4-1 「5G」の問題点

■5Gとは

「5Gの問題点」を整理するために、5Gという規格の定義について触れてみます。

＊

「5G」とは「第5世代」(5th Generation)のことで、モバイル通信規格の世代を表わしています。

現在主流のスマートフォンなどで使われているモバイル通信規格は、「4G」と呼ばれる規格で、「LTE」とも呼ばれます。

今後主流になるであろう5Gは、「高速」「低遅延」「多接続」という3つのキーワードが、たびたび挙げられる特徴です。

それらの特徴を実現するために、電波の帯域をモバイル通信用に割り当てます。

＊

現時点で新規に割り当てられるのは、次の周波数帯域です。

《5Gで新規に割り当てられた帯域》

・3.7GHz帯
・4.5GHz帯
・28GHz帯

また、現在「4G」に割り当てられている各帯域も、将来的には「5G」で利用される見込みです。

■5Gの3つの大きな問題

「5G」に対して考えられる大まかな問題点を、3つ挙げてみます。

① 電波の帯域追加による健康不安
② 通信環境やサービスの変更
③ ソフトの問題

■電波の帯域追加による健康不安

新しい技術や仕組みをもった製品は、健康に悪影響をもたらすのでは?と、不安に思う人もいるかと思います。特に、「フェイク・ニュース」や「疑似科学」といった、不確実だったり、間違った情報だったりが、ごちゃ混ぜになっているサイトの情報が、いっそう不安を煽ることもあります。

5Gも技術的な安全性に対する不安から、導入に否定的な意見を見掛けることがあります。

たとえば、2018年11月には、「5Gのテストで鳥が大量死した」というニュースが掲載されていました。

いくつかのサイトでは事実確認(ファクト・チェック)が行なわれ、「5G」と「**鳥が大量死したこと**」とは、時期や場所が重ならず、無関係という結論が出ています。

このような懸念が生まれる背景としては、モバイル用としては新しい周波数帯で、特に高周波であるとされる「ミリ波」の利用があるからでしょう。

*

しかし、5Gと同じように高い周波数を利用している通信機器は、身近に溢れています。

「IEEE 802.11a」という無線LANの通信規格が1999年に策定され、「5GHz」帯は現在まで使われています。

それよりも周波数が高い「28GHz」帯は、数値が大きいだけに、恐れられているかもしれません。しかし、それらは出力の問題だと考えられます。

*

たとえば、電子レンジは「2.4GHz」帯で食料品を温める力がありますが、同じ「2.4GHz」帯の周波数帯域を使っているWi-Fiには、食料品を温める能力はありません。

Wi-Fiは多くの人が使っているにも関わらず、電子レンジのようにならないのは、「帯域」よりも、出力の大きさによる影響が大きいためです。

電波を発信する電子機器の製造は、電波法によって技術基準への適合が必須となり、最大出力の制限など、さまざまな基準をクリアしているので、安全だと言えます。

＊

安全性という意味では、使用者の不注意による事故、たとえば「歩きスマホ」や「運転時中のスマホ操作」のほうが、近年では問題になっています。

■通信環境やサービスの変更

5Gの通信環境は段階的に導入されていく予定で、3Gサービス終了と同じように、4Gもいずれは終了になる予定です。

5Gの無線通信技術である「5G NR」は、「4G LTE」に比べて、「電波効率」と「通信速度」が向上するように作られています。4G通信とは互換性がありませんが、同じ周波数帯域の中でも5Gと共存することは可能とされています。

それでも5Gのほうが電波の利用効率が良いので、使用者の移り変わりや状況に応じて、段階的に4Gが使える帯域は縮小されていくでしょう。

＊

現状では、「4G端末」は完成度が充分高く、5Gと比べて料金も安いので、すぐに乗り換え……にはならないでしょう。

たとえば、「iPhone」の次世代機のような魅力的な端末が5Gで登場するか、5Gのサービスが4Gのサービスよりも安価になるなど、ユーザーにとって「買い換える動機」が出てこないと、いつまでたっても「4G」から「5G」に買い換えのペースも鈍いかもしれません。

＊

5Gの大きなデメリットの1つとして、5Gでは契約変更になるので、4GのSIMカードが使えなくなる場合があります。

また、「5G」を「4G」に戻す場合にも、契約変更やSIMカードの変更が必要になることがあるので、端末の自由な乗り換えは「5G端末」の登場によって制限されそうです。

＊

「5G端末」単体では、「4G」と「5G」を混在して使用でき、「5G」が届かないエリアでは「4G」に接続して通信を行ないます。

「サービス・エリア」で不便を感じることは少なそうですが、「5G」の普及によりモバイル通信のみの使用者が増えることで、通信量が増大し、回線が重くなる可能性は少なくありません。

「4G」通信をたくさん使うことによる通信速度制限は、「ギガが足りない」などという新しい言葉で広く知られています。

「5G」のサービスでは通信量が無制限や「50GB」までと、通信速度制限を意識することは少なくなると想定されています。その一方でインフラが通信量にどの程度耐えられるのかは今後の課題になるかもしれません。

■SIMカードについて

ドコモでは動作保証はされていないものの、「5G SIM」を「4G端末」で使うことが可能ですが、「5G契約」では2020年5月以降に「3G」の音声通信ができなくなるため、旧来の端末での「5G契約」のSIM使用には、不具合が出る場合があります。

【参考】https://www.nttdocomo.co.jp/binary/pdf/area/5g/device_information.pdf

■ソフトの問題

通信を使用するハードウェアは保守に対してコストが必要になります。小さな機器のファームウェアであったとしてもコストは免れません。

「5G」では「ドローン」や「遠隔医療」など、「IoT機器」での積極活用が検討されています。

「IoT機器」の「良い側面」は、遠隔操作によって利便性が増すことです。

逆に、「悪い側面」は、攻撃の危険性に常に晒されてしまうということです。

通信できるコンピュータでも、「OS」や「ファームウェア」に外部から不正に操作できるような脆弱性が見つかっても、スマホやPCが古くなれば、アップデートが受けられなくなることはあります。

脆弱性をそのままにしてしまった場合、その機器を不正に操作されるだけではなく、踏み台として、別のコンピュータへの攻撃に使用されたり、ネットワーク侵入の足がかりにされたりすることも起こり得ます。

IoT機器やPCの保守コストは決して安くはありません。

しかし、「Windows7」のようにサポートが終了している古いOSや端末を、まだ使えるからという理由で使い続けるということは少なくありません。

ネットワークにつながる以上、踏み台になるリスクを考える必要がありますが、「5G」という侵入口が開く可能性があることは気をつける必要がありそうです。

＊

「5G」によって今まで以上にリスクが高まる可能性もあります。

「IoT機器」は、PCよりもより長く使われる可能性があり、そういった意味では、保守費用を掛け続ける必要があるのかもしれません。

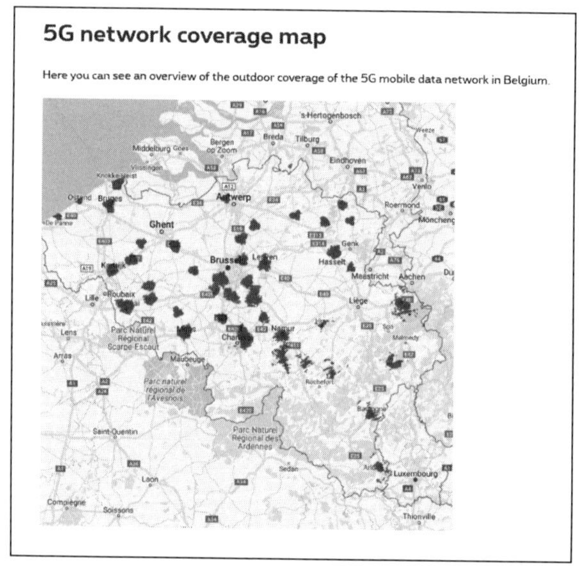

図4-1　Proximusの5G利用可能エリア地図

■「組み込み機器」と「ネットワーク」

「組み込み機器とネットワークの難しさ」について考えたいのが、福岡大学のNTPサービスが停止した件です。

＊

「NTP」とは、時間を同期させるための仕組みで、ネットワーク上でつながる多くの機器が、時計合わせのために「NTP」を使っています。

福岡大学の「NTPサーバ」の「IPアドレス」が、ブロードバンド・ルータなどのファームウェアにも組み込まれて使われていたために、「DoS攻撃」に近いトラフィックが流れ込み、停止するとリトライでさらに通信が増える、ということが起きていました。

ネットワークは常にアップデートすることができますが、「組み込み機器」は取り残されることが多く、結果的に問題を起こしてしまうことがあります。

＊

これらは意図せずに結果的に問題が起こってしまった一例ですが、「5G」のIoT機器がそうならない設計になっていることを願うばかりです。

4-2 「フェイク・ニュース」と健康被害

■「フェイク・ニュース」の衝撃

「携帯電話」を含め、「**電磁波**」が健康にもたらす影響に関して、被害を裏付ける決定的な証拠は、今のところ見つかっていません。

しかし、「**5G**」は「**4G**」と異なった仕様であるため、不安が高まっています。

＊

2019年8月28日、「女性自身」のサイトに「ムクドリが大量死！次世代通信規格5Gはベルギーでは導入中止に」という記事が掲載されました。

しかもこの記事は、「Yahoo！ニュース」に転載されたため、かなり多くの人の目にふれることになりました。

タイトルと本文から読み取れるのは、「**5G**」を導入すると、はっきりとした「健康被害」が生じる、ということ。

その結果、ベルギーでは導入中止となった、という因果関係ですが、ここには、いくつか問題点があります。

＊

第一に、「女性自身」が、必ずしも「事実」と断定できない内容をネット上に記事としてアップしていることです。

記事では、「ムクドリが死んだ」ことと「**5G**試験があった」ことを、直接的な因果関係として結びつけています。

しかし、「2018年6月28日に、ムクドリが死んだ場所の近くで5G通信のテストが行なわれた」ことと、「10月～11月にかけてムクドリの大量死があった」ことは、いずれもが事実であるとしても、両者のつながりは、ハッキリとしているわけではありません。

しかも、「ベルギーでは導入中止」と見出しにありますが、正確には“ベルギー全域”ではなく、“首都ブリュッセルにおける導入計画の中断”です。

＊

第二に、「Yahoo!」などのポータルサイトがこうしたニュース記事を転載する際に、特に「ファクト・チェック」(検証行為)が行なわれていないことです。

それどころか、「Yahoo!ニュース」は、後日になってこの記事を削除した上で、これが「フェイク・ニュース」ではないかという別の記事を転載し、何事もなかったかのように見せています。

しかも、「女性自身」の記事には「専門家」のコメントが含まれており、記事の信憑性を高めようという工夫がなされています。

*

知ってのとおり、「5G」の電波は「ビーム・フォーミング」によって、必要な場所にのみ照射されるものです。

そこにいるだけで、「常に電磁波に照射される」ことはありません。

とは言え、もちろん、「電磁波」による健康被害がまったくないという証拠があるわけでもありません。

ブリュッセルのみならず、ジュネーヴなどでも、「5G」の導入に慎重な地域が存在することを知るのは、重要なことです。

しかし、だからといって、こういった断定口調で「5Gは危険だ」と言ってしまうことは、事実を歪曲することになってしまいます。

4-3 「放射線」と「電波」

■「放射線」や「電波」の健康被害への影響

「電磁波」にはさまざまな種類があり、私たちはいろいろな「電磁波」を日常的に利用しています。

「電波」は多様ではあるものの、電磁波」と「健康」との関係をまとめてしまえば、「一定量以上の電磁波を浴びると、健康被害が生じる恐れが高まる一方、微量であれば、有意な影響や被害を認めることが困難になる」ということです。

「電磁波」そのものが危険である、ということはありませんし、逆に、まったく安全である、ということもない――これが「事実」です。

■「5G」で用いられる「電波」と「健康被害」

たとえば「放射線」の場合、「1年間で1ミリシーベルト」というのが、「線量限度」の世界的標準として知られています。

これと同じように、「電波」についても「基準値」というものが存在します。

＊

1990年に策定された「電波防護指針値」(諮問第38号「電波利用における人体の防護指針」)によれば、「基礎指針」は「全身平均SAR[※1]の任意の6分間平均値が、0.4W/kg以下であること」となっています。

※1　「SAR」(SPECIFIC ABSORPTION RATE)は、「比吸収率」の略称で、生体が「電磁界」にさらされることによって生じる、単位質量当たりの「吸収電力」のこと。

ただし、「生活環境」においては、「子ども」や「老人」「病人」など、感受性が高い人々もいることを想定して、さらなる考慮がなされています。

6分間の平均値で、「0.08W/kg以下」を「一般環境の基準値」として定めており、「5G」の場合でも、もちろんこの基準が守られます。

しかし、「5G」の場合、「周波数帯域」がこれまでの「4G」と異なるので、危険性が高まるのではないか、という危惧もあります。

実際、指針には注意事項として、「3GHz以上の周波数においては、眼への入射電力密度(6分間平均)が10mW/cm2以下とすること」が加えられています。

「3GHz以上」に関する制限は、これまで「4G」では考慮する必要がありませんでしたが、「5G」の場合、適用されることになります。

確かに、通話をするときに「携帯電話」を耳にあてているならば、「電波」が眼に照射される恐れもあります。

しかし、この帯域は「大量のデータを受信する」ために使われるものであり、用途は「動画視聴」や「ゲーム」が主です。

そのため、ただちに健康被害が生じる、という可能性は、極めて低いはずです。

＊

また、国際がん研究機関（IARC）の「発がん性評価」では、「携帯電話」によって発生する「電磁界」は、「ヒトに対して発がん性があるかも知れない」として「グループ2B」に分類されています。

「タバコ」や「酒」「加工肉」のように、はっきりと「発がん性」が“ある”（グループ1）のでも、“恐らくある”（グループ2A）のでもなく、“それ以下”として評価されています。

さらに、現時点でもっとも信頼できるデータとして、WHOによるファクトシート、「電磁界と公衆衛生」（2014年10月）があります。

「電波防護指針値」を下回る電波環境の長期的な健康影響については、「今日まで、その有害性は科学的に確認されていない」としています。

＊

ネット上には、「噂」と「真実」が混在し、ネットニュースには「フェイク」が混在します。

すべてというのは無理としても、自分の命や暮らしに深くかかわる事柄については、それなりのリテラシーをもっておく必要があるでしょう。

「5G」のみならず、「放射線」や「日光」などの「電磁波」は、日常的に浴びているものです。

問題なのは、“どの程度までならば影響がないか”を正確に理解しておくこと――これに尽きます。

第5章

スマート化する社会

スマート・シティの光と影

■ 英斗恋

2020年に入り、トヨタ自動車が、スマート・シティ構想「Woven City」を発表しました。
IoT化は、街を再定義する、新たな段階に進んでいます。

5-1 「スマート・メーター」の普及と「スマート・グリッド」

電気、ガスの使用量を計測するメーターの、「スマート・メーター」への置き換えが進んでいます。

「通信機能」を備えた「スマート・メーター」は、当初、「検針業務」の自動化を想定していました。
しかし現在では、遠隔操作での「開通」「停止」に対応し、「加入手続きの省力化」に貢献しています。

使用状況は、一定時間ごとに家庭内のモニター端末「HEMS」に送信されるため、家庭で使用状況を確認する、「見える化」を実現します。

＊

一例として、「東京電力パワーグリッド」は、本年度中に全約2,900万契約の電力量計の「スマート・メーター化」を完了、「電力使用量」(積算値)を30分ごとにモニターする体制が整います。

「電力使用量」のモニタリングは、発送電の高度制御「スマート・グリッド」に寄与します。

図5-1　スマート・メーター（大崎電気工業）

5-2 通信経路

「スマート・メーター」の通信経路は、「メーター・会社間」の「Aルート」と、「メーター・HEMSゲートウェイ間」の「Bルート」に分かれています。

「Aルート」では、検針情報の会社への送信、開通指示の受信を行ないます。

「Bルート」では、HEMSに検針情報＝一定時間ごとの累積使用量を通知します。

5-3 ルートを支える無線規格

各ルートの無線通信手順として、IEEE802.15.**4g**をベースにした接続規格「**Wi-SUN**」(Wireless Smart Utility Network)が制定されています。

「920MHz帯」(帯域幅13.8MHz、送信電力20mW)を利用し、近接の会社側送受信（集約）機「コンセントレーター」と直接、あるいは他の機器を介する「**マルチホップ通信**」で通信します。

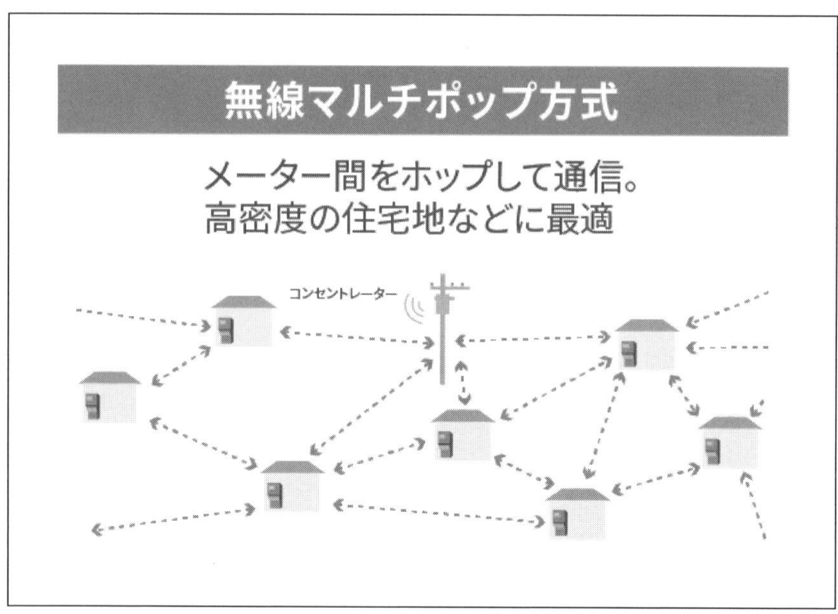

図5-2　Aルートの概念図（東京電力パワーグリッド）

なお、通信は必ず「Wi-SUN」で行なうわけでありません。

メーターが密集していない郊外では、「3G・LTE」、あるいは電気メーターの場合、電力線を利用した「PLC」(電力線通信)も用いられます。

5-4　HEMS

「HEMS」は「Home Energy Management System」の名のとおり、一般家庭で使用するエネルギー（電気・ガス）のモニタリング、制御を行なう機器です。

自家用車が「内燃機関」＝ガソリン車から「外燃機関」＝電気自動車へ移行し始める中、もし電気自動車の充放電をHEMSで制御できるならば、各家庭は大容量の蓄電池を備えることになります。

天候に影響される太陽光発電、給湯状況に応じて発電する「エネファーム」は、発電と利用のミスマッチが起こります。

HEMSによる電気自動車との連携は、課題の解となり得ます。

HEMS機器大手のパナソニックでは、HEMSが実現する家庭の変革を積極的に発信しています。

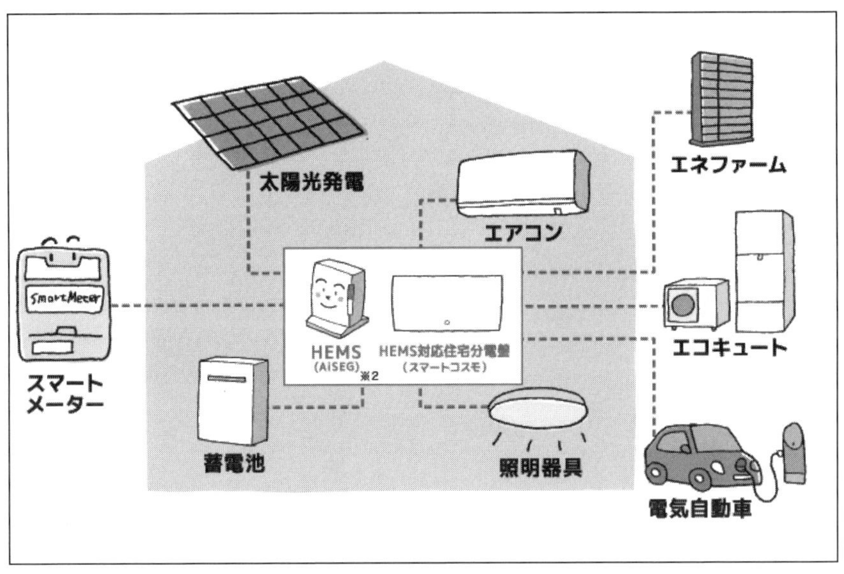

図5-3　HEMSが管理する家庭内エネルギー消費（パナソニック）

5-5　スマート家電

スマホの普及に伴い、家電製品をスマホから制御できる「スマート家電」が注目されています。

大手家電メーカーの一部家電製品は、Wi-Fi接続により、スマホのアプリから操作できます。

現時点でアプリの機能は限定的ですが、たとえば、「洗濯機」では「洗濯終了」や「洗剤切れ」をスマホにプッシュ通知するなど、便利な機能を備えています。

家庭に普及したスマート家電は将来、HEMSで一体的に管理できるかもしれません。

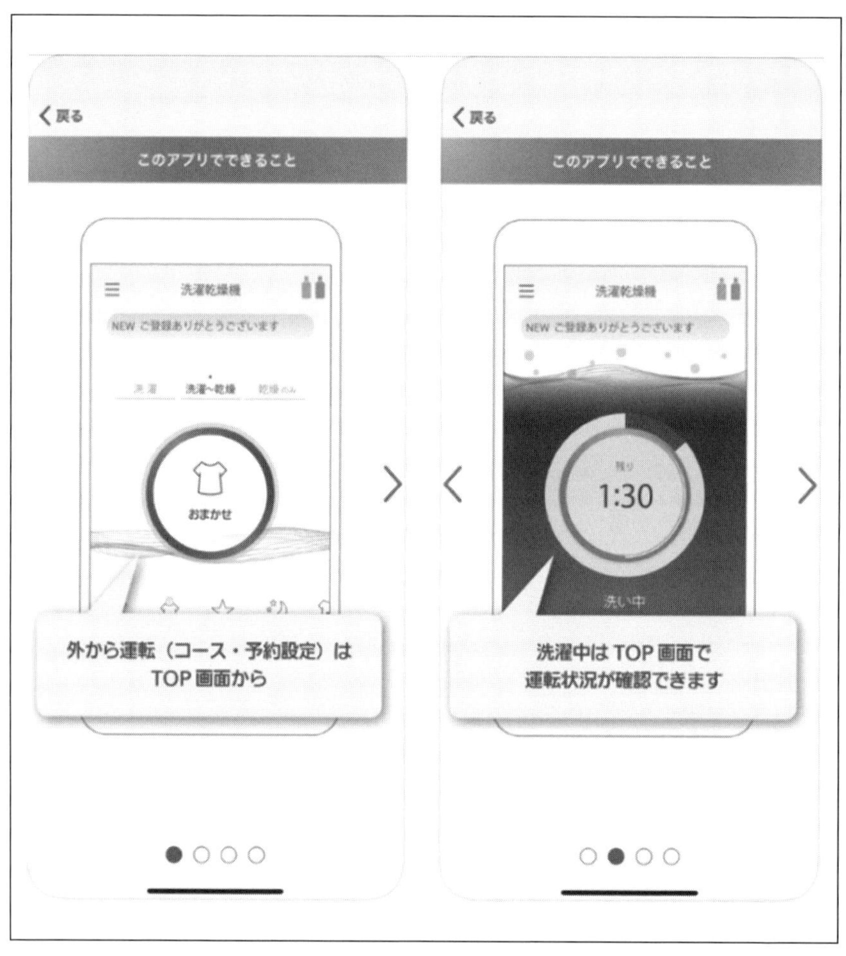

図5-4　洗濯機用「スマホで選択」アプリ（パナソニック）

5-6　スマート・グラス

ウェアラブル・デバイスの「スマート・グラス」は、スマホの「ながら歩き」と違い、行動を制約せずに情報を得ることができます。

現在市販の「スマート・グラス」は、画面表示がなく「加速度センサー」のみがついたものから、視野内に映像を表示し、動画を視聴できるものまで、さまざまです。

*

「EPSON MOVERIO BT-300」は、視野内に320型相当(仮想視聴距離20m時)の映像を表示します。

製品は単体でBluetooth・microSDカードに対応したプレーヤーとして動作します。

GooglePlayに非対応であるものの、ゲームを含む専用アプリをインストールできます。

また、WiFi接続(Miracast)により、スマホの動画を視聴することもできます。

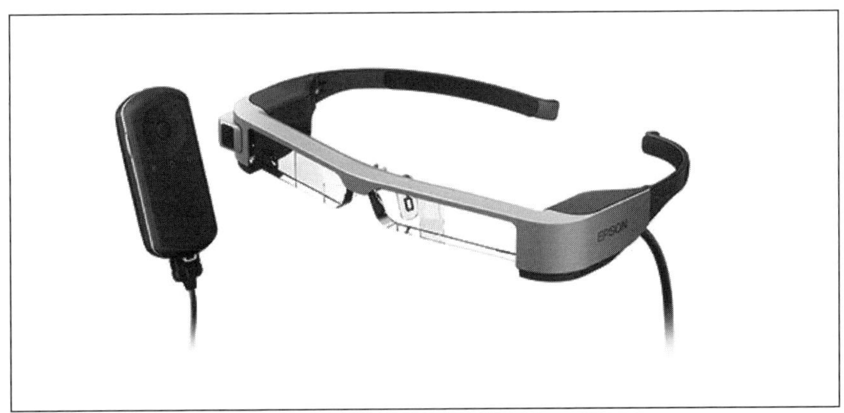

図5-5　EPSON MOVERIOスマート・グラス

「5G」で常時接続し、「IoT」から情報を得られる将来、「スマート・グラス」から「**拡張現実**」(AR, augmented reality)で、情報を得るようになるかもしれません。

5-7 トヨタの提案する「スマート・シティ」

「トヨタ自動車」は2020年1月、「CES 2020」において、静岡県裾野市の東富士工場跡地の再開発を発表しました。

現工場の閉鎖後、2021年初頭の着工を予定しています。
開発地を「コネクティッド・シティ」の実証都市と位置づけ、「IoT」を利用したインフラ整備がされます。

「IoT」の核の自動運転用に、「専用レーン」を設置します。

開発地の名称、「ウーブン・シティ」(Woven City)は、糸を「編み込む」(weave、受動態woven)ように、情報が縦横無尽にやり取りされる状況を示しています。

図5-6　Woven City全景（トヨタ自動車）

5-8 「スマート・シティ」を支える街路灯

多数の「IoT端末」と通信するには、送受信設備を密に配置する必要があります。

一部都市では、街路灯を送受信機として利用する「スマート街路灯」の設置が始まっています。

＊

Wi-SUNの業界団体「Wi-SUN Alliance」によると、米マイアミでは、地域電力会社「Florida Light & Power」と機器メーカー「Itron」により、Wi-SUN規格の街路灯が50万個設置され、天候に応じた照度調整により電力消費を大きく削減しました。

将来の「スマート街路灯」は、「送受信機」の他に、交通量計測など「計測機器」の役割も担います。

図5-7 街路樹が描かれたWoven City広場（トヨタ自動車）

5-9 Googleによるトロントの「スマート・シティ計画」

米国では2017年10月、Google（Alphabet）傘下「Sidewalk Labs」が、カナダ・トロントのウォーターフロントの再開発計画「Sidewalk Toronto」を発表。

「スマート・シティ」の建設が進んでいました。

本計画では、Quayside地区12エーカー（4.9ha、東京ドーム１つぶん）を皮切りに、最終的に800エーカー（325ha）を開発する予定でした。

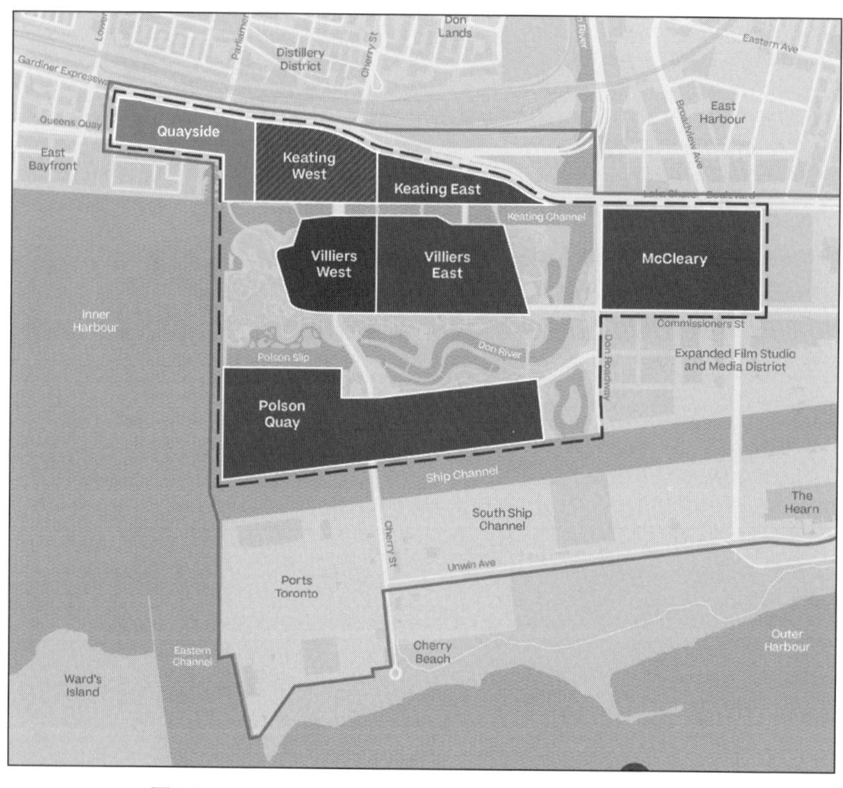

図5-8　SIDEWALK TORONTOの開発範囲（点線部分）
最初に開発するQuayside地区は左上灰色部分

図5-9　2050年の再開発地区全景(Source: Sidewalk Labs)

図5-10　Googleカナダ本社も同地へ移転予定です。
Googleカナダ本社キャンパス(Source: Sidewalk Labs)

5-10 情報の利用とプライバシー保護

「Sidewalk Lab」では、自治体からプライバシー保護への強い懸念が示されました。

*

「スマート・シティ」では、個人の情報を「匿名加工」「集約化」し、都市運営に利用します。

資源エネルギー庁は、「2019年、実績が見えてきた電力分野のデジタル化」で、スマート・メーターの情報の利用例を示しています。

---

① スマート・メーターのデータをもとに、規則正しい生活をしていると考えられる人を推計し、保険料を安くする保険の新メニューの開発。
② スマート・メーターのデータが普段と違う使用パターンになったときに、迅速に対応する自治体などによる見守りサービス。
③ スマート・メーターのデータを分析し、エリアごとの在宅率の傾向や、特定の日時の推定在宅人口を予測して、災害発生時の避難計画に反映。

---

③の公益、②の個人の身体の安全と比較し、①の個人情報を利用した企業の営業活動支援は、議論を呼ぶでしょう。

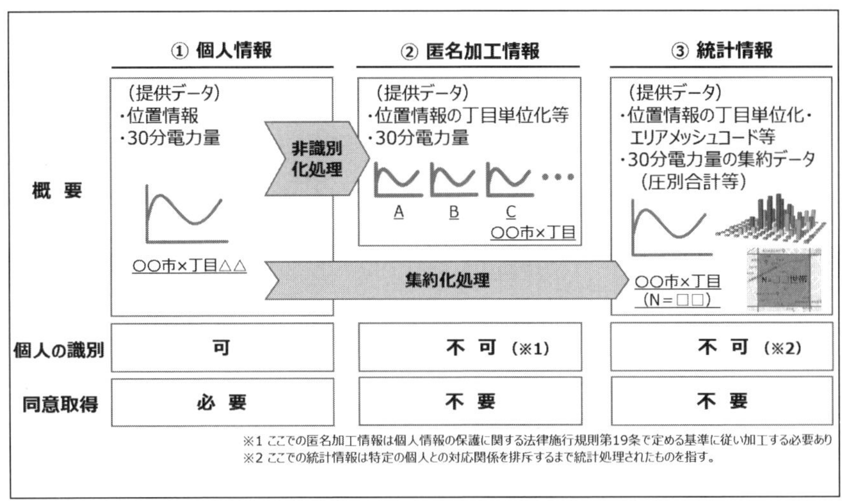

図5-11　個人情報の統計情報化
（資源エネルギー庁、2019年、実績が見えてきた電力分野のデジタル化より）

	個人情報	匿名加工情報	統計情報
概　要	位置情報30分電力量	情報の丁目単位化	丁目、エリアメッシュコード化、電力量の集約データ
個人の識別	可	不可	
同意取得	必要	不要	
情報の加工	採集データ	匿名化	集約化

※資源エネルギー庁、2019年、実績が見えてきた電力分野のデジタル化より抜粋、追記

5-11　情報利用の制度設計

一企業が主導する「スマート・シティ計画」は、情報が特定企業の管理下に置かれ、現在の各種ITサービスと同様、寡占状態の維持につながることが容易に想像できます。

また、各種IoT端末の所有者の情報が流出すると、匿名のはずの個人の利用状況が白日の下に晒されます。

常に情報が流れ続ける社会では、新しいセキュリティ、情報利用の法的枠組みが必要です。

5-12 「Sidewalk Lab」の中止発表

■突然の中止発表

2020年5月6日、Sidewalk LabはWaterfront Torontoに、計画離脱を通知しました。

開発プロジェクトを紹介するトップ・ページも、以下のとおり計画の中止をアナウンスしています。

アップデート：Sidewalk Labs は、(これ以上) Quaysideプロジェクトを続行しません。

図5-12　Sidewalk Torontoのページ上部の「Update」
https://www.sidewalktoronto.ca/

5-13 不動産市況の変化

Sidewalk Labは今回の決定を、不動産市況の変化によるとしています。

コロナ禍による景気後退懸念や、オフィス配置の見直しによる需要減退で、オフィス需要は様変わりしました。

■「Sidewalk Lab CEO」の声明

「Sidewalk　Lab CEO」のDaniel L. Doctoroff氏は、ブログ上で同社の状況を説明しました。

SIDE WALK TALK

Why we're no longer pursuing the Quayside project — and what's next for Sidewalk Labs

Daniel L. Doctoroff
May 7 · 3 min read

図5-13　CEOの声明

https://medium.com/sidewalk-talk/why-were-no-longer-pursuing-the-quayside-project-and-what-s-next-for-sidewalk-labs-9a61de3fee3a

なぜ我々はこれ以上Quaysideプロジェクトを続行しないのか、そして「Sidewalk Labs」の次は

と題した記事によると、

世界およびトロントの不動産市場の「前例のない経済的不透明さ」(unprecedented economic uncertainty)

によって、開発資金確保が困難になりました。

■今後のスマート・シティ研究

同氏によると、今後も都市の課題、

- ・都市の移動手段 (urban mobility)
- ・次世代インフラ
- ・コミュニティー・ベースの医療
- ・用途に応じて変わる室内レイアウト (robotic furniture)

について、新組織の設立、ベンチャー企業への投資で対応します。

また、「規格化した部材による建物」、「都市計画ツール」の開発を社内で続けます。

しかし、成果の適用先は不透明です。

5-14 不動産市況の変化

トロント市のスマート・シティ構想は、Googleカナダ本社を核としたものでした。

大手企業がオフィスに従業員を集積し、人員管理を行なう手法に変化が現われています。

■「伝統的産業」への「リモート・ワーク」の波及

保守的と思われていた金融業界でも、「リモート・ワーク」が始まっています。

「英フィナンシャル・タイムズ紙」によると、英大手金融機関「Barclays」のCEOは、

7,000人を一つのビルに配置するのは、過去の手法かもしれない

と述べ、本社スタッフを支店に分散配置する考えを示しました。

UBSのCEOは、地価の高いロンドン金融街（シティ）からの移転を検討しています。

※Financial Times May 1st The end of the office? Coronavirus may change work forever

■加速するIT産業のリモート・ワーク

作業範囲が定まり、成果を評価しやすい「ジョブ型」雇用のIT産業の技術職では、恒久的なリモート・ワークが進んでいます。

「Twitter」は、社員に期限を定めないリモート・ワークを認めています。
「Facebook」は、恒久的にリモート・ワークを行なう社員の、新規雇用を始めます。

5-15　プライバシーへの懸念

トロントの「スマートシティ・プロジェクト」では、根幹の個人情報収集・利用について、以前より懸念が表明されていました。

■「オンタリオ州委員長」の公開書簡

オンタリオ州「情報及びプライバシー委員会」委員長（コミッショナー）は2019年9月24日、Waterfront Torontoに宛てた公開書簡で、Sidewalk主導のプロジェクトの問題を指摘しています。

---

① 市は、プロジェクト内での役割の明確化、公益性の判断を行なうこと。
② 市・公社が公的サービス提供のために民間企業と契約した場合、情報保護法に準拠すること。
③ 地方自治体は、プライバシー保護、透明化、説明責任を果たすべく、法改正を行なうこと。

④収集情報を公的・私的利用するためのデータ管理団体「Urban Data Trust」は、既存監督機関との重複、団体の決定の外部評価の欠如など、複数の問題点がある。
⑤ 本プロジェクトにより公的組織を設立する場合、自治体は新組織の州情報保護法への準拠を保証すること。

特にUrban Data Trustについて、「問題がある」(problematic)と、強い懸念を示しました。

指摘は、「スマート・シティ」に共通する問題です。
トロントのプロジェクトが中止されても、依然、課題として残されています。

5-16 「リモート・ワーク」は定着するか

かつて、いくつかの新興IT企業は、「リモート・ワーク」の雇用を進めていました。
しかし、「社員間のコミュニケーション不足」「管理・人事考査の難しさ」「大都市志向の社員採用」のため、近年では一等地にオフィスを構えています。

Sidewalk Torontoは、立地、環境、移動、情報発信の面で、一等地を自ら作り出す、野心的なプロジェクトでしたが、残念ながら頓挫しました。

コロナ収束後も「リモート・ワーク」が続き、一等地への回帰傾向が変わるのか、動向が注目されます。

第6章

5G対応端末と周辺機器

サービス開始直後の5G環境

■ 某吉

全国で通信設備をもつ主要キャリア3社の「5Gサービス」が開始されました。ここでは、主要3社の最新スマートフォンを比較し、「5G時代」に必要とされるスペックを見ていきたいと思います。

6-1 各社のスマートフォンを比較

国内の主要な通信サービス業者であるNTTドコモ、au(KDDI)、ソフトバンクの3社は、2020年の3月に「5G」の通信サービスを開始しています。

それに合わせて、5G対応のスマートフォンも複数発表されました。

図6-1　モバイル通信大手3社が先陣を切って5Gサービス・スタート

各社共通のスマートフォンとして、

- AQUOS R5G
- Galaxy S20(S20+)
- Xperia 1 II

があります。

そのうち、「AQUOS R5G」は3社のすべてでリリースされるなど、スマートフォンの共通化が進んでいます。

図06-2　上左から「AQUOS R5G」「Galaxy S20(S20+)」「Xperia 1 II」

■機能を比較

●ディスプレイ

ディスプレイのサイズは、基本的には「6インチ」以上で、「6.5インチ」前後になっています。

これは、ディスプレイがただ大きいというだけでなく、「密度」や「熱」といった、設計面でも考慮されていることが分かります。

また、液晶よりも発色が優れている「有機EL」が搭載されている機種も増えています。

「Xperia 1 II」のように、解像度が「4K」の機種もあり、スマートフォンで高精細な動画や画像を見ることが、普通になる時代がきているのかもしれません。

■カメラと動画撮影

カメラはスマートフォンでよく使われる機能であり、性能も向上しているのが分かります。

複数のセンサと画像処理によって背景を「ボカす」という特殊効果も多く、「Galaxy S20」と「AQUOS R5G」では8Kの動画が撮影できるなど、動画撮影性能も一歩進んでいる部分があります。

「arrows」のアウトカメラの解像度は「約4800万画素」となっていて、「高級コンパクト・デジタルカメラ」に匹敵するものになっています。

■メモリとストレージ

基本的な「RAM」のサイズは「8GB」に、「ストレージ容量」は最低でも「128GB」となっています。

これは、Windows PCの基本的なスペックと同程度。ストレージに関しては、アプリケーションの容量の肥大化もあり、より大きな容量が必要になっています。

6-2 周辺機器

サービス開始時には5Gに対応した「Wi-Fi STATION SH-52A」というWi-Fiルータがドコモより1機種発表されました。

28GHz帯に対応していて、受信時の速度は最大4.1Gbpsになります。

また、有線LANポート、USB3.0による有線デザリングにも対応して、安定した通信ができるようです。

図6-3　5G回線に対応したWi-Fiルータ「Wi-Fi STATION SH-52A」

■サービス開始後の動向

サービス開始直後はドコモとauの機種数が多く、ソフトバンクは少ない状態です。

スマートフォンで圧倒的なシェアを占めている「iPhone」は、サービス開始時「5G対応機種」の発表は行ないませんでした。

ハイエンドなマシンは高価なので、気軽には手が出せないものではありますが、一方で、各機種ともに、性能は確実に向上しています。

今後、「5G」は一般ユーザーが対応端末を手にするメリットのあるサービスになるのか、注意深く見守っていきたいと思います。

表1　各社共通のスマートフォン（ドコモ発表の情報を参考に記述）

機種名	AQUOS R5G SH-51A	Galaxy S20 5G SC-51A	Xperia 1 II SO-51A
ディスプレイ	約6.5インチ Quad HD＋／Pro IGZO TFT	約6.2インチ Quad HD＋／Dynamic AMOLED 有機EL	約6.5インチ 4K ／有機EL X1TM for mobile
バッテリ	3730mAh	4000mAh	4000mAh
カメラ（アウトカメラ）	約1220万画素／約4800万画素／約1220万画素／ToFカメラ	約1200万画素／約1200万画素／約6400万画素	約1220万画素／約1220万画素／約1220万画素／ToFカメラ
カメラ（インカメラ）	約1640万画素	約1000万画素	約800万画素
内蔵メモリ	RAM 12GB ／ROM 256GB	RAM 12GB ／ROM 128GB	RAM 8GB ／ROM 128GB
受信速度	通信速度受信時最大：5G 3.4Gbps ／4G（LTE）1.7Gbps	受信時最大：5G 3.4Gbps ／4G（LTE）1.7Gbps	受信時最大：5G 3.4Gbps ／4G（LTE）1.7Gbps
送信速度	送信時最大：5G 182Mbps ／4G（LTE）131.3Mbps	送信時最大：5G 182Mbps ／4G（LTE）75Mbps	送信時最大：5G 182Mbps ／4G（LTE）131.3Mbps
サイズ	約162(H)×約75(W)×約8.9(D)mm	約152(H)×約69(W)×約7.9(D)mm	約166(H)×約72(W)×約7.9(D)mm
重量	約189g	約163g	約181g
防水	IPX5／8 IP6X	IPX5／8 IP6X	IPX5／8 IP6X
おさいふ	搭載	搭載	搭載
ワンセグ・フルセグ	ワンセグ・フルセグ	なし	ワンセグ・フルセグ
生体認証	指紋・顔	指紋・顔	指紋
ハイレゾ	○	○	○
ワイヤレス充電	○	○	○

COLUMN①　■ 柴田犬之郎

見切り発車感が拭えない「5Gサービス」

2020年春、ついに大手キャリア各社から「**5G端末**」が発売され、商用サービスも開始されました。

筆者も喜び勇んで、さっそく"夢の5G端末"を購入し……といきたかったのですが、世の中そんな甘くはなく、現時点では様子見です。

■「5Gスマホ」は魅力的……だが？

発売された「**5Gモバイル端末**」の性能は、最新の「**SnapDragon865**」を搭載するなど魅力的だし、値段もそこまで高いわけではないので、買うこともできました。

しかし、衝動的に飛びつかなかった（飛びつけなかった）のは、「**5G**」の利点や恩恵が、2020年春の時点ではほとんどなかったからです。

■対応エリアが狭い

とにかく、「対応エリアが狭すぎる」。…というより、ほとんどない状態です。

キャリアのHPを確認してみると、エリアマップのような描き方ではなく、「ドコモショップ○○店内」とか、「○○空港のどこどこ付近」などと、文章で書いてある。この時点で、ダメだ～と思いました。

この程度しか対応エリアを用意していなくて、一般向けに正式サービス開始って、正気ですか？と、言いたくなります。

「狭い、狭い」と貶されている「**楽天4Gの対応エリア**」よりも、圧倒的に狭いのですから。

*

2020年春段階でサービスを開始している、いくつかの小さなエリアでしか使えないとなると、「**5G端末**」を手に入れたところで、何に使うんですか？状態です。

「5G」の恩恵はどれほど受けられるのでしょうか。

5G通信利用可能施設・スポット一覧(2020年5月末時点)

※記載の施設、スポットにおいても、一部電波の届きにくい場所では利用できない場合があります。また、電波状況により、LTE通信となる場合があります
※記載の一覧は、一般のお客様がご利用になれる施設の内、HP公開の許諾をいただいている施設に限定しております
※記載の一覧は、今後ご利用になれる施設もしくはHP公開の許諾をいただいた施設が増えた時点で随時更新いたします
※一部の施設については工事の状況等により、サービス開始時期が変更になる場合があります

■スタジアム・オリンピック施設

都道府県	施設・スポット名	詳細
北海道	札幌ドーム	観客席、ドーム前周辺
宮城県	宮城野原公園総合運動場	宮城球場　入場ゲート1～3周辺
宮城県	宮城スタジアム	フィールド、観客席
福島県	福島Jヴィレッジ	北側道路周辺、東側駐車場周辺
福島県	福島あづま球場	スタジアム内、北側入口周辺
茨城県	茨城カシマスタジアム	観客席
東京都	オリンピックアクアティクスセンター	観客席
東京都	東京スタジアム	観客席、入場ゲート周辺
神奈川県	横浜国際総合競技場	観客席、入場ゲート周辺
静岡県	小笠山総合運動公園	エコパスタジアム観客スタンド、エントランス広場周辺
静岡県	日本サイクルスポーツセンター	伊豆ベロドローム　観客席
愛知県	ナゴヤドーム	docomo 5G プライム・ツイン
愛知県	豊田スタジアム	観客スタンド、東イベント広場周辺、西イベント広場周辺
三重県	鈴鹿サーキット	グランドスタンド、ＧＰスクエア周辺
大阪府	京セラドーム	北側入口周辺
大阪府	東大阪市花園ラグビー場	スタンド、入場ゲート周辺
兵庫県	阪神甲子園球場	スタジアム観客席
兵庫県	神戸市御崎公園球技場	スタンド、入場ゲート周辺
広島県	マツダZOOMZOOMスタジアム	スタジアム内、入場スロープ周辺
広島県	エディオンスタジアム広島	観客席、入場ゲート周辺
福岡県	福岡PayPayドーム	スタジアム内、入場ゲート周辺
大分県	大分スポーツ公園総合競技場	スタジアム内、入場ゲート周辺

図6-4　5Gが利用できるのは、地図で囲まれるエリア……ではなく、
スポット的な場所がPDFに記述されている

「5G対応端末」を購入しても、数少ないエリア（というよりスポット）に足を運んで、せいぜい「スピード・テスト」をするくらいしかできません。

たしかに、「お～1Gbps出てるよ～すげー」なんてことになりそうですが、そのためだけに高級スマホに乗り換えるのはちょっと……。

＊

過去にも同じような展開がありました。

「3G」(FOMA)サービスが始まったときは、対応エリアは国道16号線の内側程度だったと記憶しています。

それから、各主要都市のエリアが、どんどん広くなっていきました。

＊

「FOMA」は「2G」(MOVA)と互換がなかったし[※1]、「900シリーズ」になる前までは大きくて動作も遅く、電池が一日もたないこともあり、乗り換えには勇気が要りました。

※1 デュアル端末もあるにはありましたが、サービスインから3年後の登場で、たった一機種のみ。

「FOMA」は「MOVA」とは別契約で、また「LTE」(3.9G)からも契約が別でしたが、「LTE advanced」(4G)は同契約でした。

「5G」は、契約も「4G」とは別で、端末の性能も機能も「4G端末」以上のものだし、「4G」「3G」の電波も使えるので、普段使うには充分です。

しかし、「5G対応エリア」が、今後どれくらいのペースで広がっていくのか、展望が見られないのが不安です。

キャリアの言いぶんは、来年度末には全国主要都市で使えるようになるとのこと。

…ということは、少なくとも今年中の時点で普通に使えるようになるわけではなさそうです。

「SUB6」といわれる周波数帯ですらこのレベルですから、ミリ波まで整備されるのはいつになるやら。

「3G」の停波で、買い替え需要が増える2024年度あたりまでには、現在の「4G」レベルくらいにはエリアも拡大して、実用的に使えるようになっていてほしいです。

■反応速度もイマイチ……？

各所でスピード・テストをした人のデータを見てても、あまり「5G」の恩恵が得られていないようです。

もちろん、「1Gbps」近い速度は魅力的ですが、反応速度が思ったより速くないというか、「4G」と大差のない数値しか出ていないのが気がかりです。

「5G」は遅延が数ミリ秒にまで抑えられるという触れ込みだったので、拍子抜けしました。

遅延が少なければ、それこそ「遠隔操作」や「自動運転」に利用できるし、一般ユーザーもネットゲームで使えます。

対戦ゲームではこの遅延が命取りで、1フレーム（60分の1秒）以上の遅延があると、いわゆる「ラグ」が生じます。

自分だけ動かない時間があったり、突然“カクカク”になったりします。

ゲームによっては、数フレームの遅延をわざと入れて、これらのラグを吸収しようとしているのもありますが、遅延はないに越したことはありません。

その遅延が「5G」では、「光ファイバ」並みの「数ミリ秒」まで削減されるという触れ込みでした。

しかし、まだ基地局も端末もこなれてないのか、「LTE」並みの数値しか出ていません。これも、「**5G端末**」の購入を躊躇させた理由の1つでした。

対戦ゲームをするためだけに光回線を引いている身としては、携帯のみで可能なら、光回線をやめて経費が浮かせようと思っていました。

しかし、蓋を開けてみれば、これが「LTE」並みで、光回線も一緒にもっていなければお話にならないというレベルですから、「5G」が魅力ないものになってしまいます。

正直、普段使うネットは、「十数Mbps」出ていれば充分ですから。

■料金の問題

料金の問題も気になります。

前述のように、「5Gエリア」はほとんど存在しないにも拘(かか)わらず、「5G」を利用するためには、新たに契約が必要になります。

現状は二年間の割引で「4G」相当の料金のようになっていますが、実際は「4G」もギガホや半年間の割引を適用できるので、やはり「4G」より割高になります。

さらに、「5G」に契約を変更してしまうと、そのSIMは、機種によっては「4Gスマホ」で使えなくなります。

手持ちの「4Gスマホ」は、まさにその非対応の機種ばかりです。

＊

もし、「5Gスマホ」が突然壊れてしまったら……って考えると、即座に手持ちのスマホにSIMを挿し替えて急場をしのぐ……なんてことができなくなるのは不安です。

そういうことを考えると、「さあ5Gだ！乗り換えよう！」とは、簡単にはならないものです。

それと、ゲーマーにとっては、対戦ゲームができるほどの低遅延の実現も大事です。

■“見切り発車”感は拭えない

これら最低限の問題が解決して、もっと一般に普及しなければ、「自動運転」などの、「5G」の未来的な使い方は訪れないでしょう。

＊

5G開始時点では“見切り発車感”が拭えませんが、それは「3G」のときも同じでしたし、数年経てば「5Gエリア」も広がり、安価で魅力的な端末が、どんどん登場しているに違いありません（期待も込めて！）。

なにも焦ることはないと、自分に言い聞かせつつ、物欲と戦っています。

COLUMN②　■英斗恋

「6G」がもたらす変革

■2030年に訪れる「6G網」

「米ベライゾン・ワイヤレス」が、「28GHz帯」での「**5G商用サービス**」を開始しました(2020年4月3日)。

各国で「**5G**」で実現される新サービスに、注目が集まる一方、技術研究分野では、すでに「**6G**」に向けた研究発表が行なわれています。

各調査機関は2025年ごろ、「**5G網がピークを迎える**」と予想しています。

では、その先、2030年の「**6G網**」はどのようなものでしょうか。

■トランプ大統領の発言

今年に入り、トランプ大統領は「次世代通信技術」について積極的に発言しています。

2月には、Twitter上で以下のとおりコメントしました(**図1**)。

Donald J. Trump
@realDonaldTrump
フォローする

I want 5G, and even 6G, technology in the United States as soon as possible. It is far more powerful, faster, and smarter than the current standard. American companies must step up their efforts, or get left behind. There is no reason that we should be lagging behind on.........

5:55 - 2019年2月21日

27,059件のリツイート　138,814件のいいね

29,855　27,059　138,814

図C-1
トランプ大統領のTwitterでの発言

> 訳：米国で早急に「5G」の技術を、「6G」でさえもほしい。
> 現行の標準化技術よりもずっとパワフルで、速く、スマートだ。
> 米国企業は(開発)活動を格上げすべきだ、さもなければ置いて行かれるだろう。
> 我々が相手に後れを取るべき理由はない。

＊

また、4月12日には、「ベライゾン・ワイヤレス」の商用サービス開始を受け、米国が「5G技術開発競争での勝者となる」と宣言しました。

米CNBCが本宣言の中継を、YouTube上で公開しており、現在でも視聴できます。

President Trump: 5G is a race we will win https://www.youtube.com/watch?v=trzlirgXbac

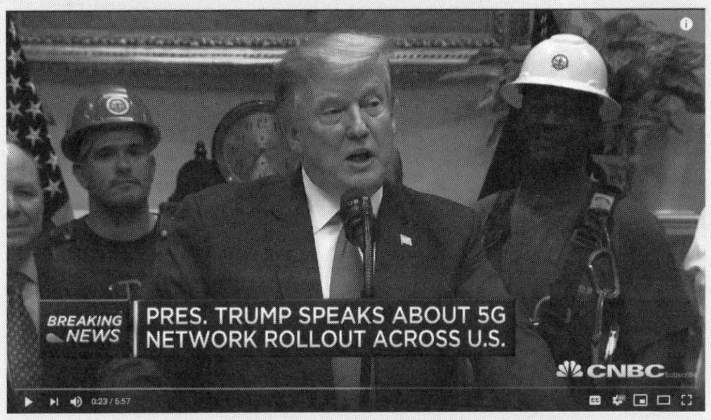

図C-2 5Gに関する米大統領声明（米CNBC）

宣言では、「5Gが『米国の繁栄と安全保障への繋がり』(link to prosperity and security)であり、『農業の生産性向上』『製造業の競争力強化』『医療水準の向上と広範囲なサービス提供』に寄与すること。

政権は、『周波数の解法』と『規制の撤廃』を進める」としています。

■「5G」ではじまる新サービス

現在に戻り、進行中の「5G」では、どのような変革が行なわれるのでしょうか。

●高速・大容量通信

各端末に割り当てる通信帯域を広げ、「高速・大容量」の通信を実現。

新サービスとして「遠隔医療」や「映像配信」の実現が有力視されています。

「変調方式の改善」や「MIMO」(複数のアンテナを使うスマートアンテナ技術)によって、通信の“安定性”と“速度”を向上させます。

また、各基地局の通信範囲の極小化(マイクロセル)によって、利用密度を高度化しています。

エリア内においても、電波の放射範囲を狭める「ビーム・フォーミング」によって、異なる場所で同一周波数を利用し、電波の利用密度を、さらに高めています。

●未利用周波数帯の利用

現在、世界的に利用されている「700～800MHz帯」「1.5～2GHz帯」は逼迫しているため、これまで未利用の「3～4GHz」「26～28GHz」「38～42GHz」の利用を進めます。

これらの高周波数帯、「NR」(new radio)に対応したチップセットの開発が進んでおり、「ベライゾン・ワイヤレス」の商用サービス(28GHz帯)のとおり、米Qualcommがすでにチップセットを製品化しています。

■NTTによる「高速通信実験」の成功

NTTは2018年5月15日に、「**新変調方式『OAM多重』**によって、『100Gビット/秒』の高速無線伝送実験に成功した」と発表しました。

> https://www.ntt.co.jp/news2018/1805/180515a.html
> NTTニュースリリース：毎秒100ギガビット無線伝送を、世界で初めて新原理(OAM多重)を用いて成功

ニュースリリースによると、「『電波の進行方向の垂直平面状での**位相の回転**』である『**軌道角運動量**』(OAM)をずらすことによって、通信の多

重化を実現した」としています。

「OAM多重」に既存技術の「MIMO」を組み合わせ、28GHz帯で10mの距離で通信を行なったとのことで、伝送距離以外は「5G」の商用サービスに準ずる、実用的な条件です。

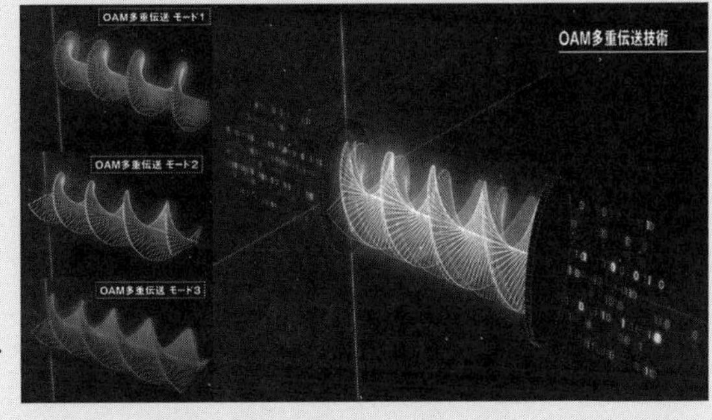

図C-3
「OAM多重」の概念図（NTTニュースリリースより）

「4G」は「下り最大1576Mbps」(1.5Gbps)の開始を予定（NTT docomo PREMIUM 4G、今冬より）しており、「5G」では、「20Gビット/秒」を目標としています。

それを5倍も上回る伝送方式は、「6G」を支える基盤技術となるでしょう。

■「テラヘルツ帯」の開放

未利用周波数帯の開拓も、さらに進みます。

「5G」で利用がはじまった「高周波数帯」ですが、「6G」では、さらに高い周波数帯の利用も検討されています。

米連邦通信委員会（FCC）は、「実験目的免許」(experimental license)として、「95GHz ～3THz（3000GHz）」までを定めることを発表しました(3月15日)。

現在、数十GHz帯であっても、「衛星通信」など極めて限られた利用しかされていません。

それ以上は、電波望遠鏡の「観測周波数帯」として未利用です。

「観測周波数帯」の利用がはじまると、以後、利用周波数帯の「電波天文」観測ができなくなります。

FCCは、「電波天文」に支障のない範囲で、「テラヘルツ帯」までの一部帯域を開放する、としています。

https://www.tele.soumu.go.jp/resource/search/myuse/usecondition/wagakuni.pdf

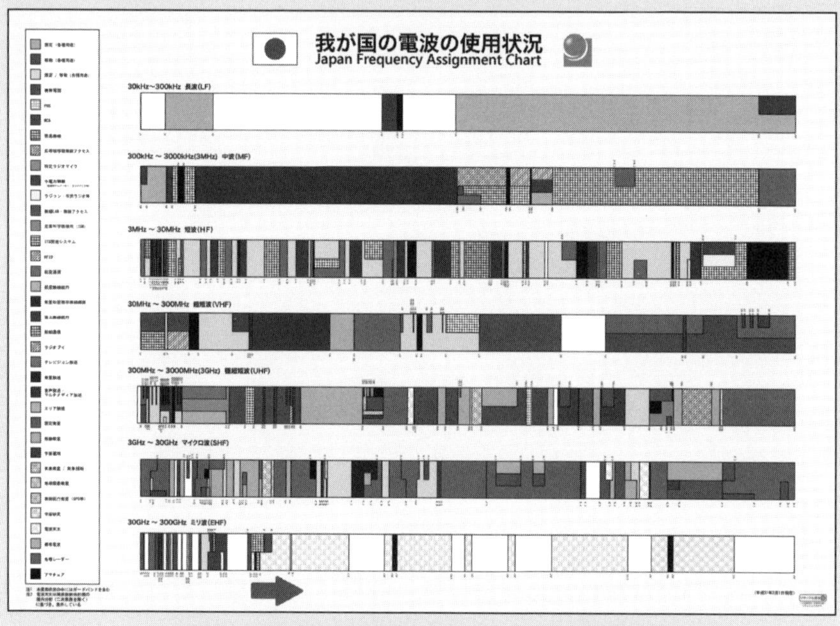

図C-4　我が国の周波数帯利用状況（総務省資料）
79GHz以上（矢印筆者追記）は、「電波天文」用途

COLUMN③　■ 勝田有一朗

コロナ禍に「5G」はどう絡んでいくのか

スマホやPCなど身近なITデバイスが、コロナによってどのような影響を受けるのか考えてみます。

■スマホ、タブレットへの影響

●コロナショックと重なった5G元年

スマホやタブレット界隈で、2020年の一番重要な出来事と言えば、「国内での5Gサービス開始」と言えるでしょう。

春にサービスが開始された5Gですが、ちょうどコロナショックとそれに伴う「緊急事態宣言」とも重なってしまい、必ずしも計画どおりのスタートというわけにはいかなかったようです。

●大容量ヘビーユーザーに需要のある5G

2020年4月28日に行なわれたNTTドコモの2020年3月期決算発表において、5G契約数は「約4万弱」、その半数が「**5Gギガホ**」との報告がありました。

「毎月100GB」(現在キャンペーン中につき無制限)の「**5Gギガホ**」を選択するユーザーの割合が高く、ヘビーユーザーに需要が集まっているようです。

●5G網の整備は感染症対策にも

5Gが実現するサービスの１つとして、リモート医療やリモート教育など、リモート型の社会の創造が挙げられます。

これはコロナなどの感染症対策にも有効とされる分野で、5G網の整備が進むとともに、これらリモート型社会も身近なものになっていくと思われます。

■5Gの起爆には「iPhone」が不可欠か

NTTドコモによると2020年度の5G契約数の目標として「約250万契約」を掲げており、この数字を達成するためには、間違いなく「5G対応iPhone」の登場が不可欠と言えるでしょう。

2020年の秋にも発表すると見られている「5G対応iPhone」ですが、世界的なコロナの影響で「秋には間に合わないかも」「需要の落ち込みを鑑みて低価格路線になるかも」といった、さまざまな憶測も飛び交っています。

いずれにせよ、5G起爆剤となり得る「iPhone」の動向は今後も要チェックです。

■PCへの影響

●注目を集めるテレワーク

今回のコロナ禍では、「テレワーク」という働き方に、大きな注目が集まりました。

IT系を中心に、緊急事態宣言解除後もテレワークを継続する企業が出てきており、奇しくもコロナ禍が働き方改革につながった一面を覗き見ることができます。

コロナがPCへ与える影響の大部分は、テレワーク絡みと言えるでしょう。

●テレワークのセキュリティ問題

テレワークでは、自宅のPCから会社側のネットへアクセスする必要が生じます。

このとき注意しなければならないのが、自宅PCへの「ウィルス/マルウェア」侵入です。

自宅PCが踏み台にされ、会社側のデータ盗難・破損につながる可能性もゼロではありません。

自宅PCは会社管理のPCよりも不用心になりがちなので、安全性を確保するために自宅PCとは隔離した仕事専用のPC＆ネット環境を用意することが求められるようになるかもしれません。

実際、簡単に無制限ネット環境を用意できる「ポケットWi-Fi」を社員に支給する企業も登場してきています。

図1　テレワーク向けと銘打ったポケットWi-Fiサービスも登場
「365plusWiFi for Biz(国内Net使いホーダイ)」(イン・プラス)

●テレワークによって国内PC市場に特需発生

全国の主要家電販売店のPOSデータを集計するBCNの発表によると、2020年4月5月のPC販売台数が前年同月比で大きく上回っており、4月第4週に「前年比164.7%」、5月第1週に「前年比171.1%」という結果を残しています。

これはテレワーク需要によるものですが、「緊急事態宣言」が解除された後は、どのように推移していくのか注目を集めています。

今後もテレワーク導入を進める企業が増えていけば、しばらくは国内PC市場の盛り上がりも続くのではないかと考えられます。

●テレワーク需要はPC本体以外にも

同じくBCNの発表によると、4月以降ディスプレイの販売台数も大幅に伸びていて、4月第3週には「前年比171%」を記録しています。

テレワークを円滑に行なうためのマルチディスプレイ構築が浸透していると考えられます。

図2　ディスプレイメーカー EIZOもこのような特設サイトを設置
（https://www.eizo.co.jp/eizolibrary/knowledge/telework/）

同様に、ネット会議で用いる「Webカメラ」や「ヘッドセット」などの周辺機器が、販売店で在庫切れになる事態も起きていたようです。

PCパーツ部品の多くは中国製ということもあり、今回のような世界的危機の中ではモノ自体の再入荷が難しくなることも珍しくなく、簡単に在庫切れが起きてしまうのです。

●全小中学生にPCを支給

元々、文科省は2023年度までに全国の小中学生へPCを支給するという計画を立てていましたが、今回のコロナ禍を受けてオンライン授業にも使えるPCの重要性を再確認、計画を大幅に前倒しして、今年度末までにPCの支給を完了すると発表しました。

昨今はスマホとタブレットさえあればPC不要という考えが支配的でしたが、これを機に子供たちがPCに興味をもち、PC業界が一層盛り上がればと思います。

第7章

モバイル通信とクラウド

「5G」で活用するクラウド・サービス

■ 勝田有一朗
■ くもじゅんいち
■ 御池鮎樹

「5G」や「Wi-Fi6」などの高速な通信環境が整ってくると、「クラウド」の需要はさらに高まります。
ここでは、「5G」などモバイル回線とも密接につながる、「クラウド」の仕組みやサービス、現状などについて解説します。

7-1 クラウドの仕組み

■「クラウド」とは

「クラウド」の“メリット”や“デメリット”を見ていきます。

＊

「クラウド」の語源には諸説ありますが、ITエンジニアが「インターネット」を指す図記号として「雲」(クラウド)の図形があります。

そのことから、インターネット上でアプリケーションやデータの処理を行なうことを総称して「クラウド」と呼ぶようにした、と言われています。

もう少し突っ込むなら、そこから転じて「インターネット回線(と端末)さえあれば、利用者がいつでもどこでも自由にサービスを利用できる」というのが、「クラウド」だと言えるでしょう。

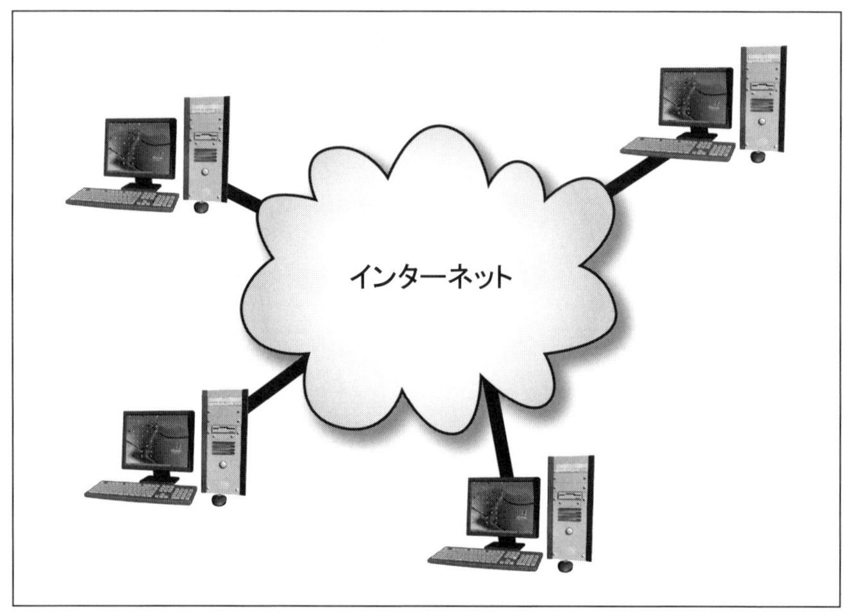

図7-1　インターネットといえば「雲」だった

■「クラウド」以外の「インターネット・サービス」

クラウド以前にも、世にはさまざまな「インターネット・サービス」が存在していました。このような昔ながらの「インターネット・サービス」は、「自社サーバ」や「ホスティング」といった手段で提供されています。

いずれも、「クラウド」とは運用形態やコストなどがまったく異なるので、「サービスを展開する側」は「クラウド」との違いを理解して、適材適所に使い分ける必要があります。

つまり、「クラウド」は、ホスティングなどと並ぶサービス提供手段の1つにすぎないのですが、「消費者目線」ではそれらを区別できず、全部ひっくるめて「インターネット上のサービス＝クラウド」と呼ぶようにもなってきました。

このような齟齬(そご)がクラウドの理解を阻んでいるのかもしれません。

■ さまざまな「クラウド形態」

ここで、ひとまず「企業や開発者側の目線」に立ってみると、クラウドはいくつかの形態に分けて考えられています。

①パブリック・クラウド

クラウド事業者が提供する強力なクラウド上で、さまざまな顧客がサービスやアプリケーションを実行するクラウド。

一般的に「クラウド」と言えば「パブリック・クラウド」を指します。

スケールメリットが得られ、コストも安価ですが、セキュリティや障害対応が事業者まかせという面が、メリットでもデメリットでもあります。

②プライベート・クラウド

1つの企業（顧客）専用に立ち上げるクラウド。

一般的に外部インターネットには直結せず、専用ネットワークやVPNで利用します。

従来のオンプレミス（社内サーバ）をクラウド技術で構築したものとイメージできます。

セキュリティ性が高く、機密情報を扱うのに適していて、「サーバ・リソース」を占有できるのも利点です。反面、コストは高めになります。

③ハイブリッド・クラウド

「パブリック」と「プライベート」のいいとこ取りと言える運用形態です。

セキュリティが重要な部分のみ「プライベート」とし、残りを「パブリック」に回すことで、コストを抑えます。

共通点として、いずれも「クラウド」である以上、ネット回線と端末さえあれば利用者がいつでもどこでも利用可能、という部分は変わりません。

■ 3種類のクラウド・サービス

さて、続いて「開発者目線」からクラウドを考える際に、「SaaS」「PaaS」「IaaS」という3つの重要なキーワードがあります。

これはクラウドを利用する際に、どの程度お膳立てされたサービスの提供を受けるかを表わすものです。覚えておいて損はないでしょう。

①「SaaS」（サース）

「Software as a Service」の略で、すでに用意されているクラウド・サービスの利用を意味します。

一見、分かりにくいですが、私たちが普段利用している「Gmail」や「Dropbox」といった、さまざまなクラウド・サービスが「SaaS」にあたります。

「消費者向けのクラウド」と、言えるでしょう。

② 「PaaS」(パース)

「Platform as a Service」の略で、(a)アプリケーションの開発、(b)実行に必要なインフラ、OS、ミドルウェア――を、事業者が提供します。

開発の土台が整っており、すぐにアプリケーション開発へ取り掛かれます。

当然ながら、利用にはアプリ開発スキルを必要とする、開発者向けのクラウドです。

③ 「IaaS」(イアース)

「Infrastructure as a Service」の略で、クラウド・サービス展開に必要なネットワークやストレージなどのインフラのみを事業者が提供します。

そこへ構築するOSや開発環境は、すべて開発者側が面倒を見る必要があります。

多くのスキルと手間が必要な反面、開発環境などのミドルウェアを選択できる自由度の高さが特徴です。

表1　「SaaS」「PaaS」「IaaS」の違い

	SaaS	PaaS	IaaS
アプリケーション	○		
ミドルウェア	○	○	
OS	○	○	
仮想サーバー	○	○	○
ネットワーク/インフラ	○	○	○
必要スキル	低	中	高
カスタマイズ自由度	低	中	高

■便利なオンライン・ストレージ

最も身近にクラウドの恩恵を感じるものと言えば、やはり「オンライン・ストレージ」ではないでしょうか。

スマホの写真をクラウドにアップすることで、ストレージ残量を気にせず撮影できるメリットを享受しているユーザーは多いと思います。

クラウド上のデータは複数の端末や複数のユーザーで共有できるので、ローカルにデータを残しておくよりも、多くの活用が望めます。

また、バックアップという観点からも、オンライン・ストレージは優れています。

クラウドを過信するのもダメですが、「ローカル」と「クラウド」で二段構えのデータ冗長性をもたせるのは、非常に有効です。

■サーバ能力の「スケール・アウト」

「クラウド・サービス」提供側の目線では、「サーバ能力の自由なスケール・アウト」がクラウドの大きな魅力です。

一時、「クラウド＝サーバ仮想化技術」とも言われていたように、仮想化技術はクラウドの根幹です。

「クラウド事業者」が「顧客」へ提供するのは「仮想サーバ」なので、「パラメータ」の変更のみで簡単にサーバの能力を増減できます。

導入コストが抑えられ、特定の時期のみサーバ増強するといった柔軟なスケール・アウトにも対応できるのはクラウドの強みです。

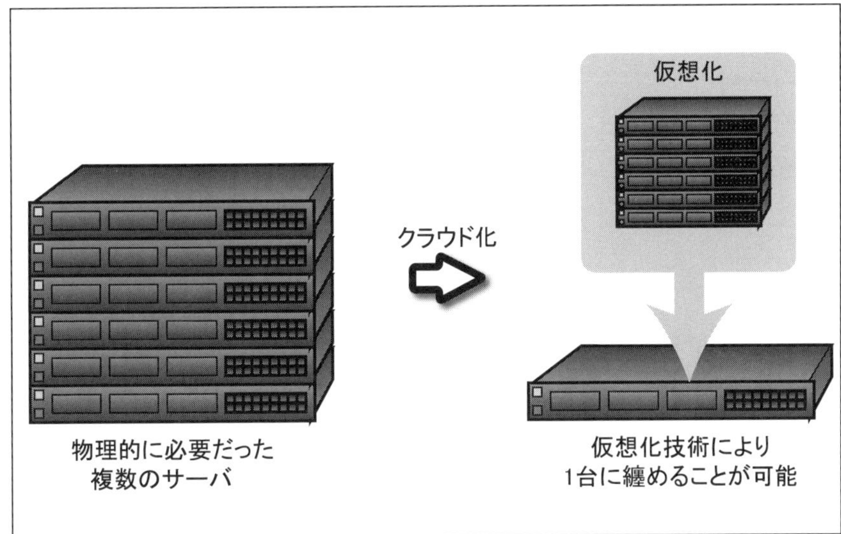

図7-2　顧客ごとに必要だった「異なる物理的なサーバ」を「仮想化」でまとめれば、「クラウド事業者」としても「小型集積化」を達成し、「低コストでサービス提供」できる

■「オンライン・ストレージ」のデメリット

便利な「オンライン・ストレージ」ですが、いくつか気になる点、注意点もあります。

*

まず、「オンライン・ストレージ」の利用には、「大容量のファイル転送」が伴ないます。

スマホで携帯電話回線を使う場合、簡単に通信容量制限をオーバーすることも考えられます。

またデータの「バックアップ」について、「オンライン・ストレージ」側では二重三重の冗長化が行なわれていますが、それでも100％安全ではありません。

データの保証を謳（うた）っているサービスも基本的にはないので、ローカルへのバックアップや「複数オンライン・ストレージ」への冗長化はユーザー責任で行ないましょう。

＊

それと、最近、「オンライン・ストレージ」は、ファイルを無断で検閲しているという話もよく耳にします。

違法ファイルを除外するための措置ですが、関係の無いユーザーにとっては、あまり気分の良いものではないでしょう。

違法ファイルからサービスを守るために仕方のないことだと、ある程度割り切る必要はあります。

■ セキュリティ上の問題

多くの「クラウド・サービス」は、セキュリティに必要以上の対策を講じていますが、それでも絶対安全とは言い切れません。

近年騒がれているインテル製CPUの脆弱性も、クラウドのセキュリティに直接影響があるため大きく取り沙汰されていました。

この脆弱(ぜいじゃく)性を利用すれば「サイドチャネル攻撃」によって、本来完全に分断されているはずの仮想環境の壁を越えて他の仮想環境（他顧客）のパスワード・メモリ領域を読み取れるかもしれないというものです。

＊

1つのサーバに複数の「仮想環境」が同居する「クラウド」では、このテの危険性は常に残り続けるでしょう。

重要な機密情報の扱いには「プライベート・クラウド」の導入などが必要です。

■クラウドの総括

クラウドについて総括すると、

- 「クラウド」は「インターネット上」のサービス。
- 便利なアプリ、開発環境が揃っていて、顧客ごとに適したサービスを展開。
- 仮想化技術は最適なコストで最大限のサーバ・リソースを提供。
- 一方で、仮想化技術特有のセキュリティ問題も潜伏。
- 大容量オンライン・ストレージは消失時のリスクも大きいので、要自衛。

となるでしょうか。

クラウドで提供されるサービスは便利なものばかりですが、潜在リスクを理解し、「赤の他人にデータを預けている」という自覚をもって運用するのが大事と言えるでしょう。

7-2 「オンライン・ストレージ・サービス」

スマホが普及し、ファイルを「オンライン・ストレージ」で保存するのが一般的になりました。

個人向けのサービスを利用すると、「PC」「スマホ」「タブレット端末」をまたいで、ファイルを取り扱うことができます。

■目的

「オンライン・ストレージ」でのファイル管理は、「保存」「送付」「共同作業」に分類できます。

●保存……バックアップ・移し替え

スマホの「動画」や「写真」を、自動で「オンライン・ストレージ」に「バックアップ」しておくと、突然の故障や機種変更時にデータを失いません。

Apple製品は、「iCloud」で「写真」「ビデオ」「音楽」「個人データ」をバックアップします。

機種交換の際も、「データの同期」機能によって、自動的に元の機種のデータをコピーします。

現在では、「Android」も「Googleアカウント」で指定フォルダをバックアップできます。

●ファイル送付

「Gメール」や「Yahoo!メール」では、Webメール上で添付ファイルの大きさを、「25Mバイト」に制限するようになりました。

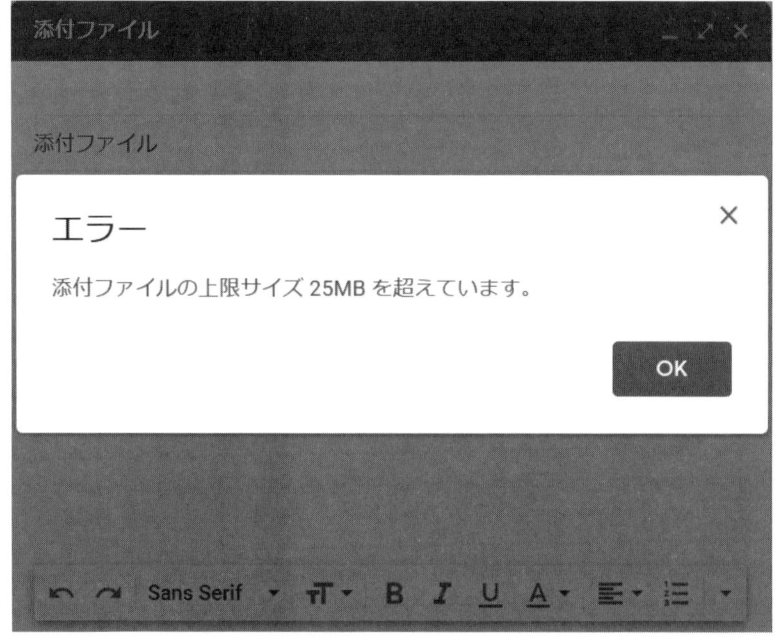

図7-3　「Gメール」web画面から「25Mバイト超」のファイルを添付

動画、音楽に限らず、大きめのファイルは、「オンライン・ストレージ」上に置き、ストレージへのリンク情報を引き渡す必要があります。

大きなファイルを、相手に渡すことに特化したサービスも生まれています。

●コラボレーション・ツール

複数の機器から、「オンライン・ストレージ」上のファイルを参照することも多くなりました。

IT化が進んだ企業では、「文書」を「紙」には印刷せず、会社が契約した「オンライン・ストレージ」に置き、社員は連絡された「ストレージ」へのリンクをたどって、直接文書を読みます。

PCでは、「オンライン・ストレージ」とPCの「ローカル・フォルダ」を「同期」させ、ローカルPCの作業を特別意識せずに、共有することができます。

■アプリ統合型「オンライン・ストレージ」

個人で利用可能なサービスを見ていきます。

●「One Drive」Microsoft製品との連携

Microsoft「OneDrive」は単体でも契約できますが、「Microsoft Office」の個人年間契約「Office 365 Solo」を申し込むと、1T(テラ)バイトを利用できます。

「Windows PC」に限らず、「Android」「iPhone/iPad」でも、「OneDrive」アプリをインストールすれば、ストレージに読み書きできます。

特筆すべきは「Microsoft Office」ファイルの再現率の高さです。

*

スマホの「OneDrive」アプリからファイルの中身を表示する際、レイアウトに凝った「PowerPoint」ファイルも正確に表示します。

簡単なプレゼンならば、「OneDrive」アプリの表示ですむレベルです。

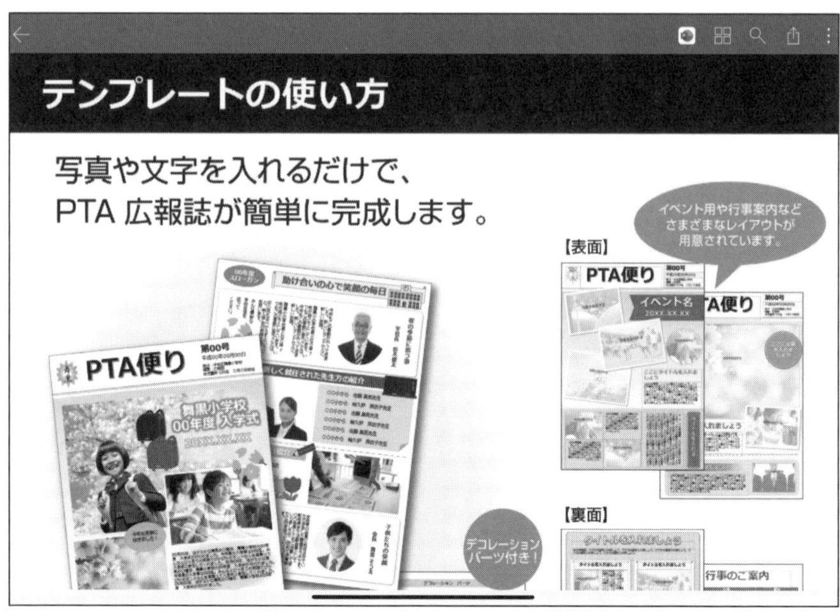

図7-4　「iPadのOneDriveアプリ」から見た「PowerPointファイル」

また、「OneDrive」アプリはスキャナ機能をもっています。

＊

以下の例は、実験的に極端な取り込み方をしましたが、うまく補正されています。

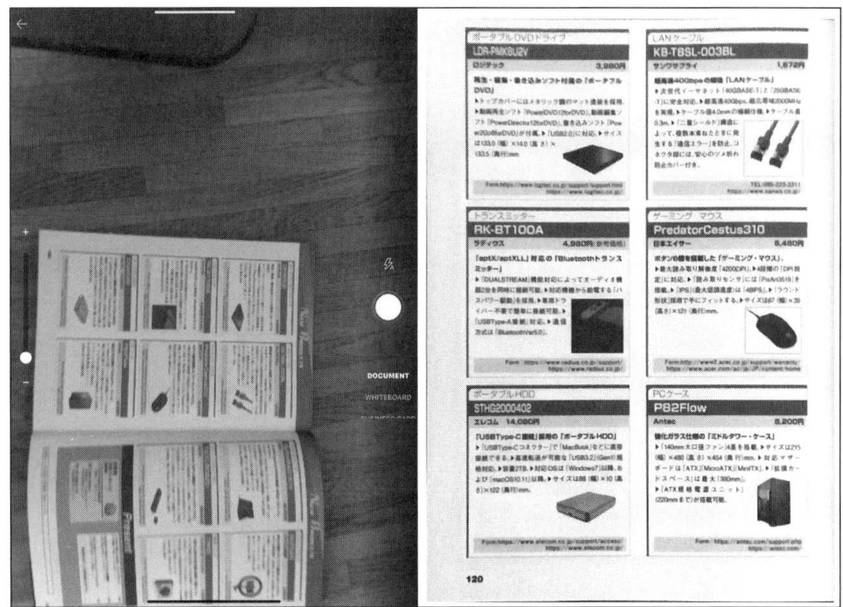

図7-5　スキャン画面（左）と取り込み結果（右）

●「iCloud 」Apple製品間の連携

Apple製品の所有者は、iCloudで製品内のデータをバックアップしていることでしょう。

iCloudもオンライン・ストレージ「iCloudストレージ」を用意しています。

無償で「5Gバイト」、それ以上は月額課金ですが、この容量は「バックアップ・データも含めて」計算します。

動画、オリジナル音楽、写真などを多くスマホに保存＝バックアップしていると、無償の範囲での利用は厳しいでしょう。

図7-6　iCloudの容量計算、写真・動画・メール・文書を含む

また、Apple製品では聞きませんが、「Windows PCではOSのrevisionや環境により、「iCloudアプリ」が動作しないことがあるようです。

Apple製品以外での利用は、iCloudアプリが正常動作するか、事前に確認する必要があります。

＊

最新の「iOS 13.4」では、アプリがデータをファイルに保存する際に、「本体」と「iCloud Drive」をシームレスに選択できるようになりました。

図7-7 ファイルへの保存で「iCloud Drive」を選べるようになった

●「Google Drive」Suite製品込みのサービス

「Google Drive」は、無償で「15 Gバイト」利用できます。

Office製品も用意し、OneDriveと同等の操作性を意識しているようです。

また、Androidスマホでは、Apple製品のiCloudと同様、「Google Drive」へのバックアップに対応しています。

*

「Googleドライブ」アプリ内の「バックアップ」設定から、バックアップするファイルを選びます。

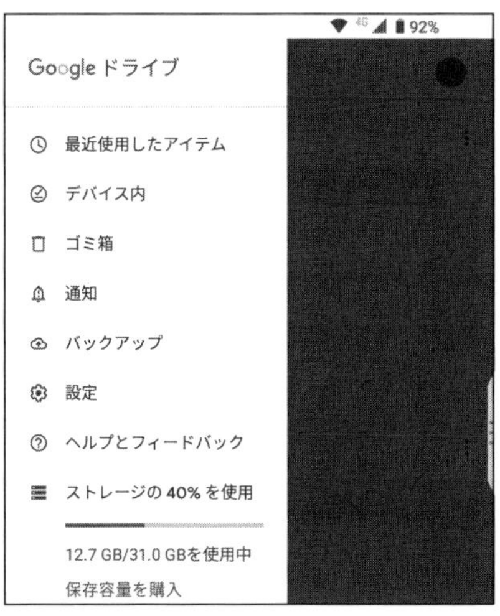

図7-8 Androidアプリ「Googleドライブ」の設定メニュー（一部）

●Dropbox　Linux PCとの連携

「Dropbox」は、「Windows PC」、「Mac」だけでなく、「Linux」に正式対応する、数少ないサービスです。

「Windows」「Linux PC」間のファイル共有を、「Dropbox」経由で実現することができます。

ソースはGPLライセンスに基づき公開されていますが、インストールするPCのディストリビューション用のパッケージがあれば、再コンパイルなしにインストールできます。

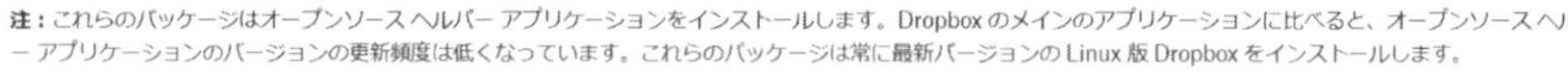

図7-9　Linux用パッケージ一覧画面
(https://www.dropbox.com/ja/install-linux)

「無料版」の容量は「2Gバイト」のため、本格的に使うには有料契約が必要でしょう。

●Amazon Cloud Drive - Echo・Fire TVとの連携

Amazonも「Cloud Drive」として「無償で5Gバイト」、「有償で100G～2Tバイト」の容量を提供します。

「Amazon Cloud Drive」は、「Fire TV」、「Echo show」との連携が特徴です。

「Amazon Prime会員」ならば、「写真に限り」容量が無制限で、置いた写真はFire TV、Echo showで表示できます。

たとえば、「Echo Show」では、「アレクサ、写真を表示して」と呼び掛け、写真を表示します。

図7-10　Amazon Echo Show (5.5, 8, 10.1インチディスプレイ)

■ファイル送付

●ギガファイル便

Webメールの添付サイズに制限があるため、大きなファイルを相手に送るときは、「オンライン・ストレージ」にファイルを置き、相手と共有します。

この場合、「自分のストレージ容量」に「共有ファイル分の余裕」が必要です。

「ギガファイル便」(https://gigafile.nu)は、最大「100Gバイト」の「ファイル送付サービス」です。

相手にはファイルそのものではなく、「ファイル取得のためのURL」を通知します。

また、「無償」である反面、「ファイルの保持期間」に制限があります。

ファイルにURLでアクセスする、時間制限の無償オンライン・ストレージと言えます。

分かりやすいメニューですが、「無償サービス」のためか、メニュー画面の周りに広告が数多く表示されます。

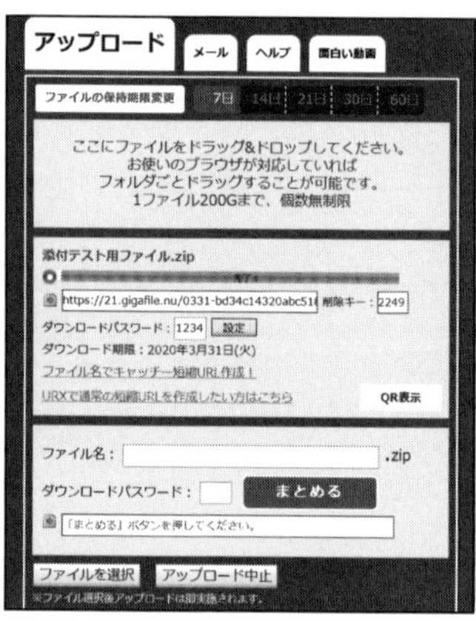

図7-11　ギガファイル便

■セキュリティ特化型「オンライン・ストレージ」

● MEGA - 暗号化データの保存

「オンライン・ストレージ」にファイルを置くことに、抵抗をもつ方も多いでしょう。

「セキュリティ・レベル」が未確認の外部サイトにデータを置くことを禁止している企業もあります。

ニュージーランド「MEGA」(https://mega.nz)は、
「クライアントPC側」で暗号化したイメージを保存する、「End-to-End Encryption」が売りです。

「無償」で「50Gバイト」まで利用できます。
「サーバ側」は「クライアントPC」で設定した「暗号キー」を保持しません。
クライアントPCが送信した暗号化イメージをそのまま受け取り、保存します。
「ダウンロード」時も、イメージは「クライアントPC内で復号化」します。

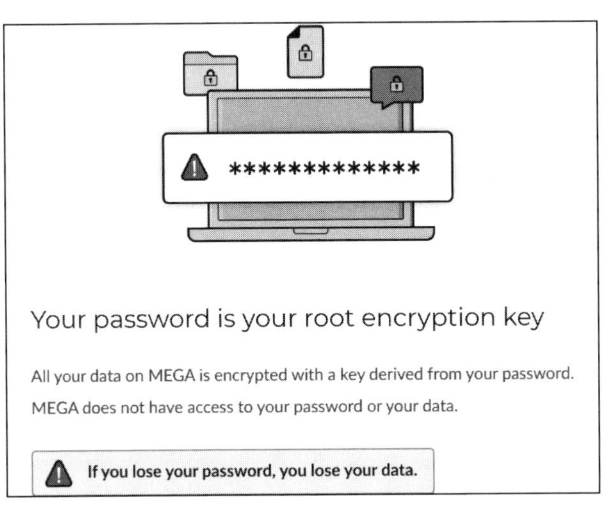

図7-12 「パスワード」が「ルート暗号化キー」になる

「クライアントPC」外ではデータが常に暗号化されており安全性が増す反面、「パスワード忘失」時にはストレージ上のデータを読み出せなくなります。

かといって、忘失を恐れて簡単なパスワードにするとセキュリティが発揮できません。

運用方法を慎重に考える必要があります。

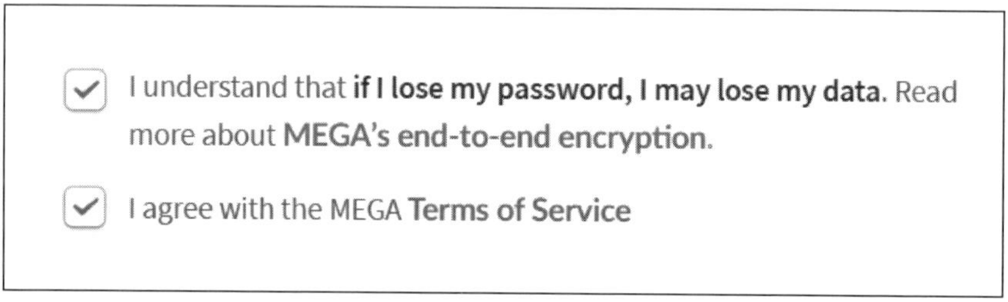

I understand that **if I lose my password, I may lose my data.** Read more about **MEGA's end-to-end encryption.**

I agree with the MEGA **Terms of Service**

図7-13　利用申込み時に、「パスワード忘失時にデータを失う可能性」への承諾
（if I lose my password, I may lose my data.）

7-3 「クラウド」覇権争いの現状

「3大クラウド・サービス」と呼ばれる、①Amazonの「AWS」(Amazon Web Service)、②Microsoftの「Azure」、そして、③Googleの「GCP」(Google Cloud Platform)が激しい覇権争いを繰り広げているクラウド業界。

ここでは、「クラウド業界」の現在の市場シェアについて見てみましょう。

*

米国のIT市場調査会社「Synergy Research Group」の調査によると、ここ数年の「クラウド業界」の市場シェアは、図のように推移しています。

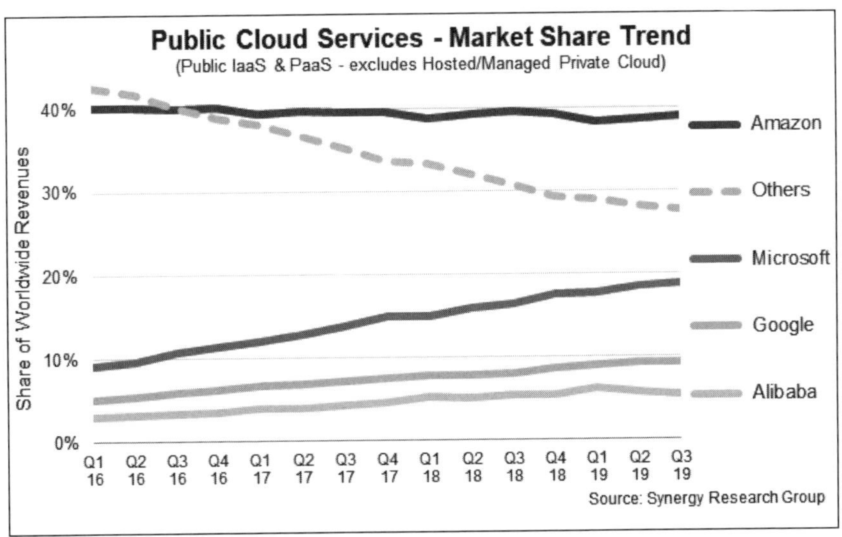

図7-13 「パブリック・クラウド市場」のシェア推移
(Synergy Research Groupより)

■ No.1の「AWS」、猛追する「Azure」「GCP」

まず、常に圧倒的トップの座を占めているのが、Amazonの「AWS」です。

「AWS」の市場シェアは、2016年から最近に至るまで、常に4割程度と安定しています。

＊

ちなみに、2006年にサービスを開始した「AWS」は、数ある「クラウド・サービス」の中でも最古参、先駆けと言える存在です。

その上で、先行の有利さに甘んじることなく、矢継ぎ早に機能やサービスを拡大し続けることで、多くの顧客を獲得。

現在に至るまで、シェアNo.1の座を維持しています。

＊

対して、2位に付けているのはMicrosoftの「Azure」です。

かつては「Windows Azure」と呼ばれていた「Azure」のシェアは、2019年第3四半期時点で20％弱と「AWS」の半分以下ですが、特筆すべきはその「伸び率」です。

2016～2019年の3年間で、「AWS」のシェアがほぼ横ばいであるのに対して、「Azure」は10％弱から20％弱へと倍増。

加えて、2019年12月にGoldman Sachs社が企業幹部を対象に行なったアンケート調査でも、「Azure」は「AWS」を抑えて、「いちばん人気のクラウド・サプライヤー」と評価されています。

この勢いは今後も続きそうで、2022年ごろには「AWS」を抜くのではないかと予想する向きもあります。

＊

そして、3番手に付けているのが、Googleの「GCP」です。

「GCP」は、サービスのスタートは2008年と「AWS」に次ぐ古参なのですが、長く開発者サポートに重点が置かれていたこともあって、市場シェアはなかなか伸びませんでした。

しかしながら、2015年ごろから機能やサービスを急速に充実させ、2016〜2019年の3年間のシェア伸び率は「Azure」と同様、ほぼ倍増。

現在では、「クラウドBIG3」の一角へと成長しました。

ちなみに、Googleのクラウド・サービスは「AI」や「機械学習」、ビッグデータ関連の研究や活用に特に力を入れているため、今後のAI技術の進化次第では、一気にスターダムにのし上がる可能性があります。

＊

なお、4位の「Alibaba」は、これはほぼそのまま、中国経済の成長を表すものです。

中国では政府によるネットワーク制限により海外サービスが利用しづらいため、中国の「パブリック・クラウド」のシェアはグローバルとはまったく異なる様相となっており、

1位はAlibaba「Alibaba Cloud」(阿里云)
2位はTencent「Tencent Cloud」(騰訊云)
3位はSinnet「Sinnet-AWS」

つまり、中国企業Sinnetをパートナーとして展開する「AWS」、という順になっています。

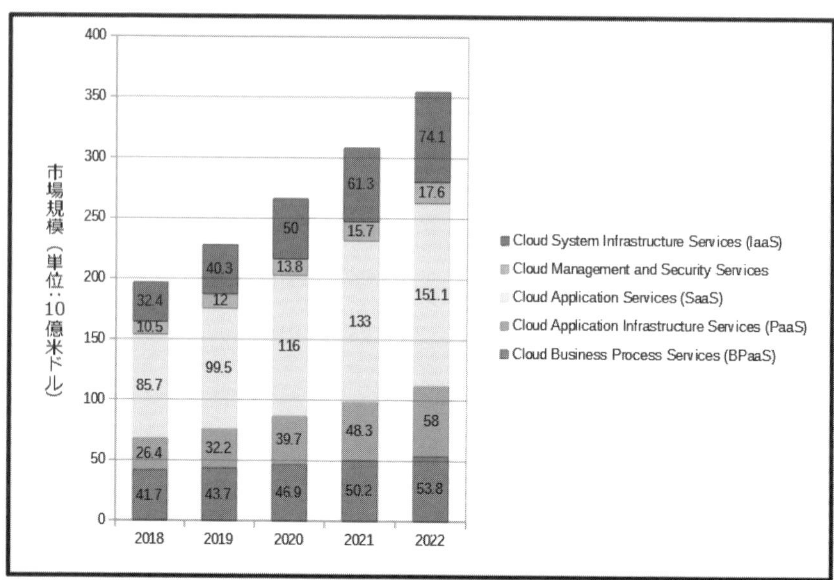

図7-14　「東アジア」地域の「パブリック・クラウド」（※Synergy Research Groupより）

■ますます加速する「クラウド市場」

以上がクラウド覇権争いの現状ですが、では、「クラウド市場」自体の伸びはどうでしょうか。

＊

米国のIT市場調査会社「Gartner」は毎年、クラウド市場の収益と今後数年間の予測を発表しており、2019年11月に発表された最新情報をグラフにしたものが、**図7-15**です。

これによると、Gartnerはクラウド市場の収益を、2018年の計1,967億米ドルに対して、2022年には1.8倍、計3,546億米ドルまで成長すると予測しています。

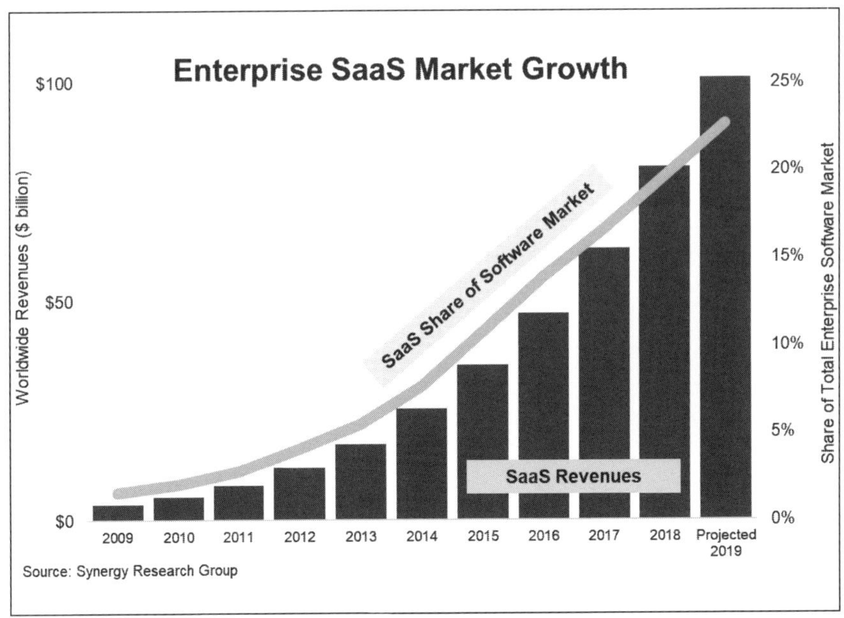

図7-15　クラウド市場規模の推移（予測含む）
（※Gartner社が発表したデータより作図）

＊

なぜ、クラウド市場の伸び率は、これほど高いのでしょうか。

その理由は、既存サービスがクラウドに置き換えられつつあるからです。

■アプリのクラウド化「SaaS」

たとえば、アプリです。

かつてのビジネスアプリは、パッケージで販売される買い切り型のスタンドアローンが主流でした。

しかし現在では、モバイル端末を駆使する現在のビジネスと親和性が高い「SaaS」が急速に存在感を増しており、その波に乗って成功した典型例がMicrosoftの「Office」です。

「Microsoft Office」は、かつては買い切り型パッケージで販売されていましたが、現在ではサブスクリプション方式の「SaaS」である「Office 365」が主力になっています。

導入コストが安く、モバイル環境と親和性が高い「SaaS」は、ユーザーにとって魅力が大きいサービスです。

ベンダーにとっても、頻繁なアップデートや脆弱性対策、海賊版防止といった点で、非常にメリットの大きい形態です。

Microsoftは「Office」の「SaaS化」によって、Office部門の収益を大幅に向上させることに成功しました。

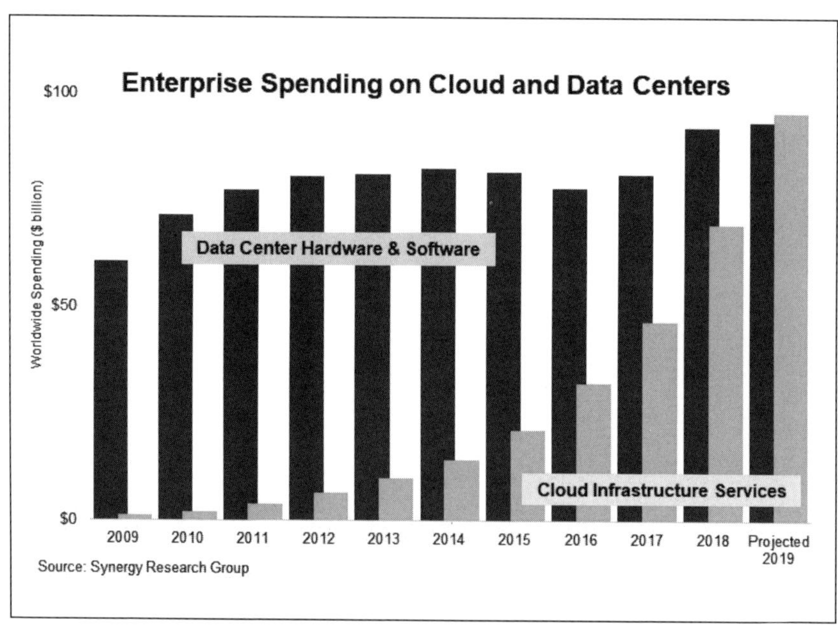

図7-16　企業向け「SaaS」市場の推移
（※Synergy Research Groupより）

ちなみに、この図は、Synergy Research Groupによる企業向け「SaaS」市場の推移ですが、わずか10年間で恐ろしいほど市場が拡大しているのが分かります。

もちろん、従来型の「買い切り型ソフトウェア市場」も拡大してはいますが、その伸び率は年間平均だとわずか4%にすぎません。

2019年現時点ではまだ、「SaaS」がビジネスソフト全体に占める割合は二十数%ですが、「SaaS」と買い切り型の比率は早晩逆転するはずで、将来的にはソフトウェアと言えばほぼ「SaaS」という時代が、おそらくやってくるでしょう。

■ 社内コミュニケーションのクラウド化「UCaaS」

次に、「社内コミュニケーション」です。

*

オフィスには、「固定電話」や「モバイル端末」「内線通話」「メール」「IM」「Web会議」「ビデオ会議」など、さまざまなコミュニケーション・ツールが備わっており、これらは現在のオフィスには欠かせないツールです。

この種の「社内コミュニケーション・ツール」を一括管理するシステムは「UC」(Unified Communication)と呼ばれ、かつては「オンプレミスで実現されていました。

しかし、こちらも現在では徐々にクラウド化が進んでいます。

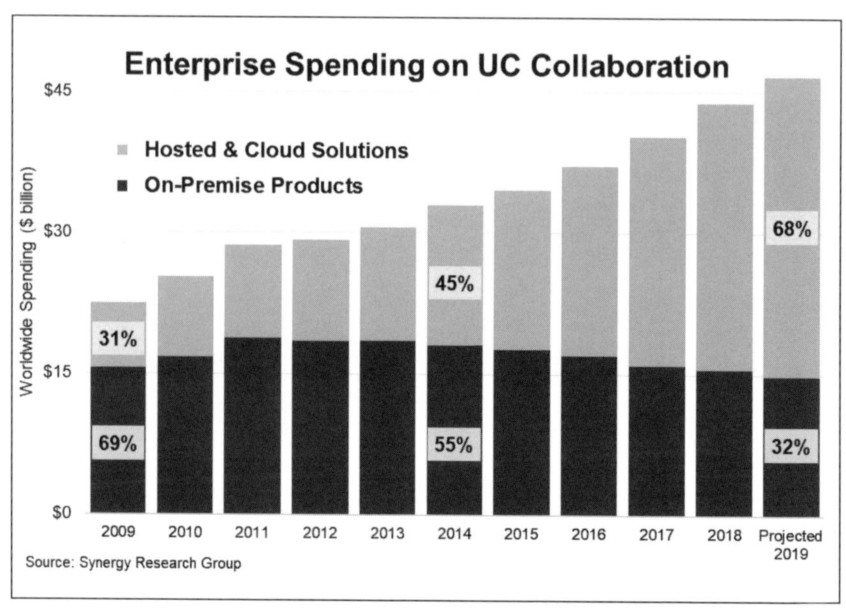

図7-17　企業の「UC」関連支出の内訳推移
（※Synergy Research Groupより）

図7-17は、「Synergy Research Group」による、企業の「UC」関連支出先の内訳を含む推移を示すグラフです。

見れば分かるように、「UC」への資金投入自体は年々、かなりの勢いで伸びています。

ですが、にもかかわらず、「オンプレミス」型は、現在、漸減傾向にあり、ホステッドやクラウドの比率が急速に増加しています。

＊

かつて「UC」は、「IP-PBX」や「UCサーバ」、専用ソフトをオンプレミス環境に導入することで構築される巨額の初期投資を伴うシステムでした。

しかし、現在ではこういった手法はすでに時代遅れとなり、「UC」のクラウド化、すなわち「UCaaS」が主流となりつつあります。

■ 企業のIT支出も「データセンター」<「クラウド」に

最後に、「データセンター」と「クラウド」についてのデータも紹介します。

＊

図は、やはり「Synergy Research Group」による過去10年間の、企業による「データセンター」と「クラウド」、それぞれに対する支出の推移です。

「Synergy Research Group」によると、2019年はおそらく、「クラウド向け」の支出が「データセンター向け」のそれをはじめて上回る年となりました。

Public Cloud Leadership – APAC Region

Rank	Total APAC Region	China	Rest of Region
Leader	Amazon	Alibaba	Amazon
#2	Alibaba	Tencent	Microsoft
#3	Microsoft	Sinnet-AWS	Google
#4	Tencent	Baidu	Alibaba
#5	Google	China Telecom	Fujitsu
#6	Sinnet-AWS	China Unicom	NTT

Based on public IaaS and PaaS revenues in Q1 2019

Source: Synergy Research Group

図7-18　企業の「クラウド」と「データセンター」への支出推移
（※Synergy Research Groupより）

この10年間でIT機器は長足の進化を遂げ、「ビジネス・アプリケーション」は高度化・複雑化し、結果としてネットワークを流れるデータ量は爆発的に増加しました。

そのため、企業のサーバ関連の支出は年々増え続けているのですが、実はデータセンターへの支出は過去10年間に渡ってほぼ横ばい。

その伸び率は平均すると、年4％程度に過ぎません。

それに対して、「クラウド」への支出額は、2009年のほぼゼロから、2019年には1,000億米ドル近くまで急成長。

その伸び率は平均すると50％を大きく上回っており、ついに2019年、「データセンター」への支出を上回るほどにまで成長しました。

つまり、現在では「企業のサーバ関連の支出」は、半分以上が「クラウド」に注ぎ込まれているわけで、「Goldman Sachs」はすでに企業のワークロードの23％が「パブリック・クラウド」上に移行しており、2022年にはこの数値は43％まで上昇すると、予想しています。

7-4　「クラウド化」するオフィス

2020年、年初からの新型コロナウイルス流行もあり、場所や時間の制限を受けずに働ける「テレワーク」や「リモートワーク」が、今、以前にも増して注目を集めています。

そして、「テレワーク」や「リモートワーク」と非常に相性がよいのが「クラウド」です。

＊

もちろん、「クラウド」は万能ではありません。匿名化されていない生の機密情報の保管は社内サーバのほうが適していますし、「ERP」（Enterprise Resource Planning：企業資源計画）などは、「クラウド・サービス」だと柔軟性が足りない場合があります。

また、EUの「一般データ保護規則」（GDPR）に違反する恐れがあるなど、法的にクラウドに移行しづらいデータも企業には存在します。

加えて、「テレワーク」を法律で「労働者の権利」として明記するテレワーク先進国フランスでも、「テレワーク」が労働生産性向上につながるのは「週1～2日」とされています。

それ以上日数を増やすと、人間関係の構築が難しくなり、社員が孤立感を感じるなどの理由で逆に生産性が下がってしまうとされているからです。

*

しかし、「週1～2日」の「テレワーク」が労働生産性を向上させることが明らかである以上、可能な部分は「テレワーク」と相性が良いクラウドに移行してしまうほうが、システム全体として効率的です。

よって、今後、クラウドの利用シーンはますます増えていくはずで、もちろんビジネスの基本が人間関係である以上、対面の重要性がゼロになることはないでしょう。

しかし、業種や業務によっては、将来的にはクラウド上にオフィスがある企業、つまり「ネットショップ」ならぬ「ネットオフィス」のようなものも、当たり前の存在となるかもしれません。

第8章

IoT機器を変える「5G」

「AI」と「IoT機器」からのデータ収集と活用

■ 初野文章

「AI」を“育てる”ための情報源として「ビッグ・データ」が注目されましたが、「ビッグ・データ」にも当然、情報源が必要となってきます。そこで注目されたのが、ここでは、「IoT」の機器で、どのようなデータが集められ、活用されているのかを探ってみましょう。

8-1　「AI」の現状

現在の「AI」は、お世辞にも“知能が高い”と言えるものではありません。

“知能”だけで言えば、「虫」か「バクテリア」くらいのレベルしかない、と言ってもいいでしょう。

研究レベルでも、ようやく“小動物の脳の一部”を再現できるようになった程度です。

それでも役に立つのは、大量の情報を元に、“多元的”に状況判断ができるようになったためです。

＊

従来のプログラムでは、「二値の比較」しかできません。

そのため、多元的な処理を行なうには、何度も計算を繰り返す必要がありました。

そこを、「AI」では「画像処理」や「物理演算」の公式などを活用し、“多元的な処理”を高確度で演算できるようになったのです。

この部分に「量子演算」を導入すれば、より高速に演算ができるうえに、従来の「AI」ではオーバーフローしてしまうような処理でも、答を導き出せるようになってきます。

＊

完全な「**量子コンピュータ**」の実現はまだ先です。

しかし、部分的に「量子技術」を応用するだけでも、多元的な計算を高速に処理でき、大きな効果が出てきます。

実際に、D-Wave Systems社（カナダ）の「量子技術」を応用したシステムが実用化しており、大企業や研究機関などでの活用がはじまっています。

＊

「現在のAIは、虫以下の知能しかない」とはいっても、従来のプログラム処理に比べれば、数段はスマートになりました。

そして、低知能なシステムに大量のデータを「**機械学習**」をさせることで、一見、高度な処理をする“高度な「**AI**」”に見えているのです。

もちろん、「**機械学習**」の過程では、高度な「物理演算」や「化学式」などが利用されています。

これを、世界最先端の技術を「**AI**」に埋め込むことで、複雑な処理を行なっています。

しかしこれは、「電子回路」が、虫やバクテリアよりも、大きな記憶領域をもち、高速に何度も同じ計算をできるからこそ実現できることです。

力業なところは、あまり進歩していないともいえるかもしれません。

とはいえ、従来のシステムで「**ビッグ・データ**」のような情報を扱うことは困難でした。

その点、「**機械学習**」の方法なら、取捨選択によって情報を煮詰めることが可能なので、この部分では大きな成長と言えるかもしれません。

8-2 「ビッグ・データ」の活用

「**AI**」を活用するためには、多量の情報が必要になります。

このための情報源として、「**ビッグ・データ**」が注目されました。

従来の情報は、「気象データ」や「交通機関」「無線通信」などから得られる、「人の動き」などが、主なデータ源でした。

「画像認識」が進化したことで、「監視カメラ」の情報などからも、個人の動きを追跡することが可能になってきていますが、やはり、公共の情報源に頼る点は変わりありません。

*

8-3 「IoT」の目的

そこで注目されたのが、「IoT」です。

「IoT」本来の目的は、「あらゆる機器をインターネットにつないで利便性を高める」と言うものです。
しかし、本当のところの目的は“違う”と言えるでしょう。

■費用対効果

たとえば、「顧客の利便性」や「販売機会の獲得」が目的だとしましょう。
そのために、安価にネットで「家電」を販売したり、無料で「IoT機器」を配布したとします。

そこで必ず発生するのが、「コスト」です。
発生するコストは決して低いものではないでしょう。

これでは、コストがかかるばかりで、大きなメリットは得られません。

■情報の活用

「IoT機器」からは、調べようによっては多数の情報を引き出すことが可能です。

＊

たとえば、「IoT機器」の多くは、「**環境センサ**」をもつものが多いです。
つまり、「気温」や「湿度」などから、利用者の「在宅時間」や「生活状況」などが、ある程度予測できます。

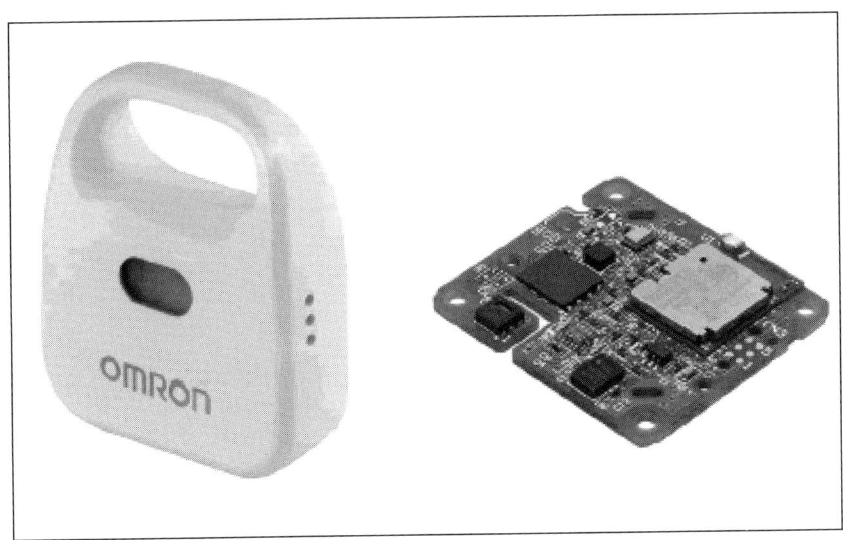

図1　環境センサ「形2JCIE-BL」(OMRON)

他にも、「居住地域」「一日のうちの温度・湿度などの変化」「機器の利用状況」などの情報が取得できます。

これらの情報を入手できれば、「**機械学習**」の結果から、予想を導き出すことは容易です。
他の情報を突き合わせることで、個人の特定すら可能でしょう。

仮に「環境センサ」がなくても、「CPUの動作温度」や「クロック」などから、大まかな情報は取得可能です。

近隣の屋内外の「**環境センサ**」と情報を比較すると、より精度の高い情報を取得できます。

8-4 「IoT」減少の背景

ワンプッシュでお気に入りの商品を簡単に注文できる、ということで話題になった、アマゾンの「ダッシュボタン」(**図2**)。

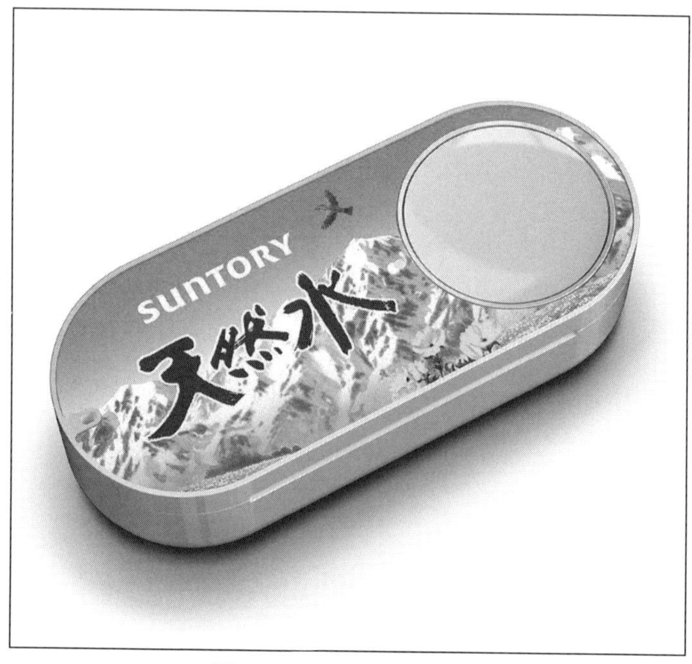

図2　Amazon Dush Button
(画像はサントリーの南アルプス天然水のダッシュボタン)

一般配布が終了したのは、「スマート・スピーカーなどにユーザーが移行しているため」と言われていますが、実際はそれだけではないでしょう。

実際の理由は「機械学習に必要な初期データの取得は充分揃った」「別のより良い方法で、同様の情報が取得可能になった」と考えるのが妥当ではないでしょうか。

たとえば、「Wi-Fi電波の干渉度合いの変化」といった、まったく別の切り口から「**機械学習**」を使って答を出すことは可能かもしれません。

*

もう一つ言えるのは、「多くのIoT機器がWi-Fiで接続されていた」という事実です。

「Wi-Fi」は、「三角測量」の応用的な手法を使って、位置情報を割り出すこともできます。

「アクセス・ポイント」からの電波強度を、「位置情報計算サーバ」に送信し、その電波強度モデルから位置情報を計算する、というものです(**図3**)。

ほかにも、電波干渉からまったく異なる情報を拾い出す、といった用途にも使えます。

しかし、そこには「アクセス・ポイントとの紐(ひも)づけが必要」という最大の欠点があります。

つまり、誰かが設置しなければ動かないのです。

*

また、「情報の遅延」や「改ざん」といった危険性もあります。

これらは、情報の正確さを下げる要因となり、「**機械学習**」にとっては大きな"毒"となります。

目に見える「**IoT**」が減ってきている背景は、ここにも要因があるのかもしれません。

8-5 IoTを変える「5G」

この状況をかえるのが、「5G」だと言えます。

＊

「5G」は、高速な通信だけでなく低遅延な「テレメトリー通信」などでの活用が考えられています。

「5G」によって、「IoT機器」が直接つながるということは、「情報の遅延」や「改ざん」の余地がなくなるということにもなります。
それと同時に、「Wi-Fi」の「アクセス・ポイント」からの解放――つまり、“ユーザーの設置”に頼る必要性がなくなるのです。

＊

また、移動する物体での活用も容易になります。

たとえば、環境中に放出したり、「商品タグ」に内蔵させたり、といったこともできるようになります。
これによって、「売った商品が、いつどこで消費されたか？」ということまで、追跡可能になります。

すでに、交通系の「ICカード」や「電子決済」などで、ある程度このような情報収集は行なわれています。
しかし、ユーザーが利用しないと情報が活用できません。

“5Gベース”の「IoT機器」が増えてくると、このような情報がより多く収集されるようになると思われます。

＊

また、「ICカード」と異なり、この中に「個人情報」は直接含まれていません。

そのため、従来の「IoT機器」に比べ、法的な部分でも活用は楽になります。

企業だけでなく、学術分野での利用の幅も大きく広がるでしょう。

もし、「マイクロ・マシン」レベルまで小型化できるとしたら、「バッテリー・レス」(温度差発電など)で動くような装置まで可能になるかもしれません。

今後、「車」や「電車」だけでなく、動くものすべての事故防止につながる技術になっていくでしょう。

8-6　情報への過剰反応

昨今は、身近で必要な商品が売り切れることが減ったような気がします。
旅行先などでも、いつも使うような商品が入荷していたりします。

旅行先まで個人を追跡して商品を仕入れているとは思えませんが、統計的に商品の補充などはしているのでしょう。

＊

居住地域に関しては、個人のニーズに対して商品を確保しはじめているケースが増えているように思います。

「これが、**ビッグ・データ**と**AI**によってもたらされた利便性なのか？」と思うと、常に生活を監視されているようで、少し気持ち悪いですね。

そのせいか、「情報を取られることが怖い」「だまされるのが怖い」と言って、ネットサービスを否定したり、電話すら出ないという人が増えてきています。
これは、正しい反応なのでしょうか。

＊

“疑ってみる”というのは、もちろん大事なことです。
しかし、疑う行為そのものが論理的解釈に基づいていなければ、まったく意味がありません。

過剰反応の結果、「学校や職場に個人情報を教えない」「マンションや町内会に電話番号を教えない」といった、極端な反応が増えている気がします。

そして、そんな人ほど、「携帯電話」や「SNS」からの「情報漏洩」を気にしていないことが多いように思います。

8-7 「AI」の捉え方

「**機械学習**」は、「位置情報」とあらゆる情報からの比較によって、隠れた情報を掘り出すことに秀出ています。

隠せば隠すほど、「AI」には、目立つ事象となることに気が付くべきです。

誤った情報で学習された結果は、予想がつきません。

恐ろしいとさえ言えます。

むしろ、情報を放流し、結果を楽しむぐらいの余裕が必要なのではないでしょうか。

情報を悪用することが問題なのであり、拒絶するだけでは、解決にはなりません。

正しい情報を正しく活用するための方法を考えることが、「AI」にはできないことであり、人間が考えるべき責任だと言えるでしょう。

第9章

「エッジ・コンピューティング」と「5G」

重要度が高まるリアルタイム性

■ 御池鮎樹
■ 英斗恋

「クラウド」と「5Gモバイル通信」がつながる商用サービスが開始され、5G網内での「超低遅延」処理に注目が集まっています。
ここでは、「IoT」時代が本格化し、リアルタイム性の重要度が高まるにつれて注目を浴びた、「エッジ・コンピューティング」について解説します。

9-1 「エッジ・コンピューティング」とは

2018年ごろからIT業界で広まり、昨今高い注目を集めるようになったキーワードに、「**エッジ・コンピューティング**」(Edge Computing、エッジ処理)があります。

「エッジ・コンピューティング」とは、その名が示すとおり、"エッジ"で行なう「分散処理型」の「コンピューティング・モデル」です。

「エッジ・コンピューティング」の定義は若干あやふやですが、「エッジ・コンピューティング」の"エッジ"とは、インターネットの"端っこ"、"縁"を意味します。

*

具体的には、インターネットに接続されている機器のうち、利用者側の終端、あるいは終端付近にある機器が、"エッジ"です。

たとえば、パソコンやスマートフォンといったユーザーが操作する端末や、さまざまな信号を直接検出する各種センサ、工場内の機械や自動車の車体といった、さまざまなデータを生成し、収集するデバイスが、"エッジ"の典型例です。

ただし、「エッジ・コンピューティング」の"エッジ"は、実際にはもう少し幅のある概念として扱われています。

"終端"より少しインターネット寄りになりますが、「パソコン」や「スマートフォン」をインターネットに接続するための「アクセス・ポイント」や「ゲートウェイ」、オフィスや工場内のデータを集約する小規模サーバといった機器も、多くの場合"エッジ"に含まれます。

おおまかには、「実際にデータが発生する場所の近く」「インターネットに入る手前」くらいの感じに捉えておけばいいでしょう。

*

ここまでの説明で勘の良い方は予想できたかと思いますが、「**エッジ・**

コンピューティング」は、今や当たり前の存在となって久しい「**クラウド・コンピューティング**」との対比で生まれた、コンピューティング・モデルです。

「**クラウド・コンピューティング**」が大半の処理をインターネット上で行なうモデルであるのに対して、「**エッジ・コンピューティング**」は“エッジ”、つまり“インターネットに入る手前”で「分散処理」する「コンピューティング・モデル」というわけです。

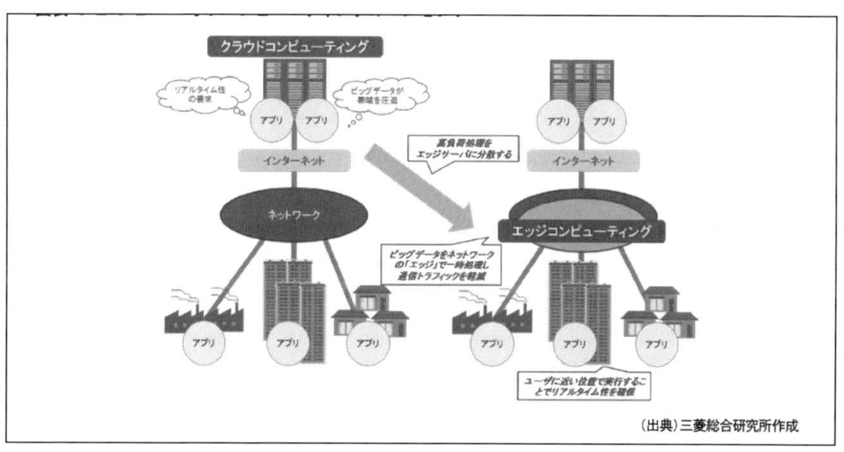

図1　「クラウド・コンピューティング」と「エッジ・コンピューティング」の違い

■ 切っても切れない「エッジ」「クラウド」「オンプレミス」の関係

「エッジ・コンピューティング」は「クラウド・コンピューティング」との対比で生まれた「コンピューティング・モデル」です。

しかし、「クラウド・コンピューティング」の反対の性質をもつ「コンピューティング・モデル」、というわけではありません。

それどころか、「エッジ・コンピューティング」と「クラウド・コンピューティング」は切っても切れない関係にあります。

「クラウド・コンピューティング」は処理の大半をインターネット上で

行なう「コンピューティング・モデル」ですが、その反対、つまり処理をローカル内で“完結”させる「コンピューティング・モデル」は「**オンプレミス**」(**自社運用型**)と呼ばれます。

そして、「エッジ・コンピューティング」の“エッジ”は、「ハードウェア・レベル」の話では、「**オンプレミス**」とほぼ重なります。

*

では、「**エッジ・コンピューティング**」と「**オンプレミス**」の違いは何かというと、その「目的」です。

「**エッジ・コンピューティング**」は「**オンプレミス**」で処理を行なう「コンピューティング・モデル」ですが、その目的は「オンプレミス“だけ”」で処理を完結させることではありません。

それぞれできること、得意なことが異なる「エッジ側」(＝オンプレミス)と「**クラウド**」の役割分担を的確に行ない、「エッジ」と「クラウド」双方のパフォーマンスを最大限に発揮できるようにすること。

それこそが、「エッジ・コンピューティング」の最大の目的だと言えます。

*

分かりやすい例としては、端末やセンサが収集した大量の「データの処理」が挙げられます。

端末やセンサから収集されたデータは、そのままだと膨大かつ雑多ですが、「エッジ・コンピューティング」で「フィルタリング」および「最適化」すれば、「クラウド」に送信するデータ量を大幅に節約できます。

つまり、送信にかかる時間やコスト、「クラウド」側の処理が軽減できるわけで、結果的にシステム全体のパフォーマンスやセキュリティが大きく向上します。

9-2 「エッジ・コンピューティング」のメリット

では「エッジ・コンピューティング」にはどういったメリットがあるのでしょうか。

「エッジ・コンピューティング」にはメリットがいくつもありますが、最も重要なのは「**リアルタイム性**」、つまり「**低遅延**」です。

インターネット上の「クラウド・サービス」では、どれほど優れた回線でアクセスしても、ある程度のタイムラグが生じます。

これは単純に、実際に処理を行なうサーバまでの距離が遠く、通信に時間がかかるからです。

それに対して「エッジ・コンピューティング」は、「実際にデータが発生する場所の近く」で処理を行なうため、通信にかかる時間が短くてすみます。

この「**低遅延**」というメリットは、特に自動運転技術などでは極めて重要です。

＊

次に、「エッジ・コンピューティング」は「**トラフィック軽減**」にも重要です。

インターネット上のトラフィックは、2002年には全世界で100GB/秒程度でした。

しかし、「iPhone」が登場した2007年に2TB/秒になり、モバイル機器やIoTの普及により2017年には46TB/秒に跳ね上がり、そのペースはますます加速しています。

そのため、現在のインターネットは慢性的に渋滞状態です。

＊

これを軽減するためにもインターネットの“手前”でデータを処理する「エッジ・コンピューティング」は非常に重要です。

なお、ユーザーレベルでも「通信料の軽減」は、通信コスト削減につながるため大きなメリットとなります。

最後に、「エッジ・コンピューティング」は「**セキュリティリスクの軽減**」や「**データ・ガバナンス**」にも有効です。

現在の「クラウド・サービス」の安全性は相当高いですが、大規模な情報漏洩事件は今や日常茶飯事ですし、時にはサーバがダウンするようなこともあります。

万一の事態に備えた「BCP」(事業継続計画、Business Continuity Planning/Plan)としても、「エッジ・コンピューティング」は有効な手段だと言えます[※1]。

※1：もちろん、「エッジ・コンピューティング」だから安全、「クラウド」だから危険というわけではなく、「エッジ・コンピューティング」の場合、メンテナンスやセキュリティ対策はすべて自己責任となる。

9-3 「エッジ・コンピューティング」はなぜ必要？

以上が「エッジ・コンピューティング」の概要ですが、なぜ今、「エッジ・コンピューティング」はこれほど注目を集めているのでしょうか。

その理由は、高まる「リアルタイム処理」の必要性と、モバイル端末やIoT機器の増大によるトラフィックの激増です。

*

「AI」の急速な発展により、「自動化技術」はかつてない速度で進化しつつあります。

十数年前までは夢物語だった自動運転車のような技術までもが今や現実になろうとしています。

しかし、「自動化技術」の多くでクリティカルな問題となるのが「リアルタイム性」です。

特に「自動運転技術」や工場のオートメーション化にはミリ秒単位の低遅延制御が必須です。

それにもかかわらず、今のインターネットは最新技術が要求する「リアルタイム性」に応えられる余力を残していません。

「モバイル・コンピューティング」の普及とIoT機器の増加によって、インターネット上のトラフィックはここ十数年で爆発的に増加。

今後もIoT時代が本格化するに連れてそのペースはますます加速すると考えられており、「**5G**」のような最新技術の登場もあるものの、もはや「なんでもクラウドで」というわけにはいきません。

＊

そこで、「エッジ・コンピューティング」です。「エッジ・コンピューティング」は、「実際にデータが発生する場所の近く」で処理を行なうため通信にかかる時間が短くてすみ、「リアルタイム性」との相性が抜群です。

また、「エッジ」と「クラウド」の役割分担が的確に行なわれれば、インターネット全体の負荷も大幅に軽減されるはず。

＊

これからのIoT時代は間違いなく、「**エッジ・コンピューティング**」と「**クラウド・コンピューティング**」を併用し、適切な役割分担によってシステム全体を最適化する「コンピューティング・モデル」が主流になっていくでしょう。

図2
「NVIDIA」の自動運転システム
「DRIVE AutoPilot」。

＊

加えて、これは少し別の話ですが、欧州連合が2018年に施行した「GDPR」(General Data Protection Regulation、EU一般データ保護規則)など、個人データ保護を目的とした法案も、もしかしたら「エッジ・コンピューティング」を加速するかもしれません。

＊

個人データ保護は今や、世界(特に先進国)の潮流となっており、そもそもの話として今後は「クラウド・サービス」で個人情報を扱うこと自体が、難しくなっていく可能性もあるからです。

9-4 5Gとレイテンシー

「無線通信部分」の高速通信・同時多数接続の問題に「**5G**」による解決が期待されています。。

＊

「**5G**」では同時に多数の端末と接続して大容量のデータを送受信できるだけでなく、データ送信の開始が早くなり、データ処理全体として低遅延を実現します。

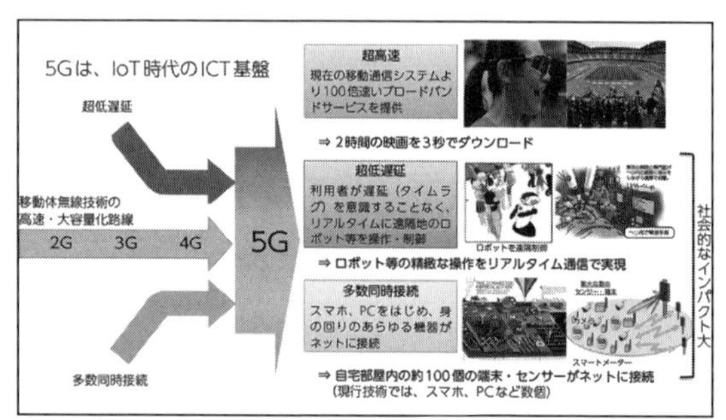

図3
総務省「情報通信審議会 新世代モバイル通信システム委員会」報告より

しかしながら、「自動運転」では各車両からの画像やセンサの情報をリアルタイムでサーバに集約、フィードバックし続けます。

無線通信が「**5G**」になっても、無線基地局以遠のサーバまでの経路長と、サーバの「同時処理能力」が課題になります。

「同時処理」はすでに「クラウド・サービス」が実現しているので、残る課題は「クラウド・サーバ」を「エンド・ユーザー」の近くで処理することによる、通信の「**低遅延**」化です。

9-5 「設置場所」と「準拠法」の関係

「**データ・センター**」の「設置場所」は、法令面からも注目されています。

＊

EU域内では2018年5月24日以降、域内共通のデータ保護法「**一般データ保護規則**」(GDPR：General Data Protection Regulation 2016/679)が適用されます。

「**GDPR**」は情報の管理者に対して、「個人情報」に関する「同意の撤回」、「消去」および当事者の合意による「第三者への提供」を行なうことを求めています。

基本的な条項への違反には、最大「2000万ユーロ」か「前年度全世界売上高の4%」の罰金が課せられます。

「**GDPR**」自体は個人情報を整理・保護する先駆的な規定ですが、域外企業にとって域外を含む「全世界の」売上高を基準とした罰金の規定に強い懸念があります。

*

「**GDPR**」はEU域内居住者の情報に限らず、「域内で情報を処理する」場合にも適用されます。

「EU域外居住者」の個人情報であっても、EU内の「データ・センター」で処理すると「**GDPR**」の対象となります。

また、「**GDPR**」はEU域外への「データの移転」に厳しい規定があります。

データ保護に関して「充分性」(adequacy)があると認められた国・地域に対しては規定が緩和されますが、事業者は「**GDPR**」と同等のデータ保護対応する必要があります。

9-6 AWSのローカル・ゾーン・デプロイメント

低遅延を意識した「**ローカル・データ・センター**」の開設が始まっています。

「Amazon」のクラウド・サービス「**AWS**」(Amazon Web Services)は、2019年12月3日(米国時間)、ロサンゼルス(LAX)「ローカル・ゾーン」データ・センターを発表しました。

利用を申し込み、「招待状」を受領すると、他のセンターではなく、この「**ローカル・ゾーン**」を指定した「**デプロイメント**」が可能になります。

米国西海岸の利用者は「**ローカル・ゾーン**」のサーバでプログラムを動作させ、他の場所の「**データ・センター**」よりも低遅延の応答を見込むことができます。

「AWS」の説明によると、「LAXローカル・ゾーン」は米国西部(オレゴン)リージョンの「コントロール・プレーン」で管理されています。 両地点間は広帯域の「プライベート・バックボーン・ネットワーク」で接続し、両地点間の遅延を抑えています。

＊

報道によると、「AWS」は「LAXローカル・ゾーン」の需要として、ハリウッド映画やCMなどの動画制作による、「高精細動画像」の処理と出力を見込んでいます。

■ オンプレミス型AWS

「AWS」では、同時に特定企業内に設置された「オンプレミス」のサーバを、「AWSサービス・ベース」で使えるように管理する「AWS Outposts」のサービスも発表しました。

投資資金の金融市場でのプログラム運用では、サーバを市場内に設置し、ルータの接続台数も最小限に抑えます。

このような、低遅延への要求が極端に高い場合を想定します。

9-7 楽天モバイルのエッジ・コンピューティング構想

低遅延を保証する「**モバイル・エッジ・コンピューティング**」(MEC)のネットワーク設計として、IoT端末が接続されている「**5G網**」の無線基地局近くに「クラウド・サーバ」を設置し、データ通信の遅延と輻輳を極限まで下げることが考えられています。

＊

楽天モバイルは、「**5G**」を待たず、「**4G**」上で「**MEC**」を構想しました。

「楽天モバイル」の大きな特徴は、通信網を「完全仮想化」していることです。

基地局には「**アンテナ**」と「**無線機**」(Remote Radio Unit)のみを設置し、

基地局としての制御（Base Band Unit）はNTT局舎内に設置したサーバが行ないます。

このサーバは、物理的には基地局と離れていますが、「仮想ネットワーク」上では基地局に隣接しています。

そのため、低遅延でIoT端末とやり取りでき、「バックボーン・ネットワーク」に負荷がかかりません。

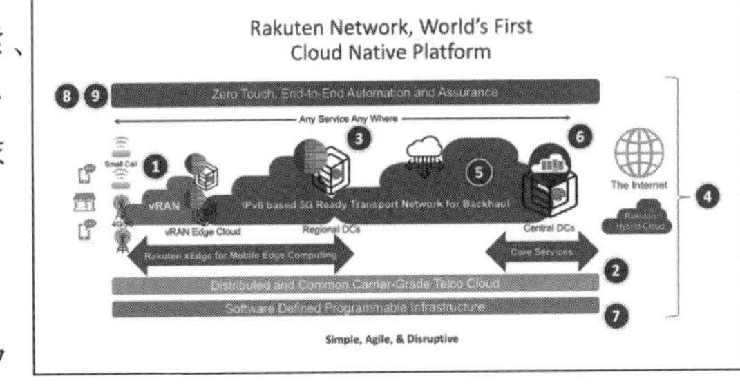

図4
楽天の仮想化ネットワーク

「楽天」はプライベート・イベント「Rakuten Optimism 2019」で、この基地局制御用のサーバを「**MECサーバ**」として使う構想を発表しました。

築中の無線通信網の資源を使う点では、国内では最も早期実現性が高く、低遅延性が期待できる**MECサーバ**と言えるでしょう。

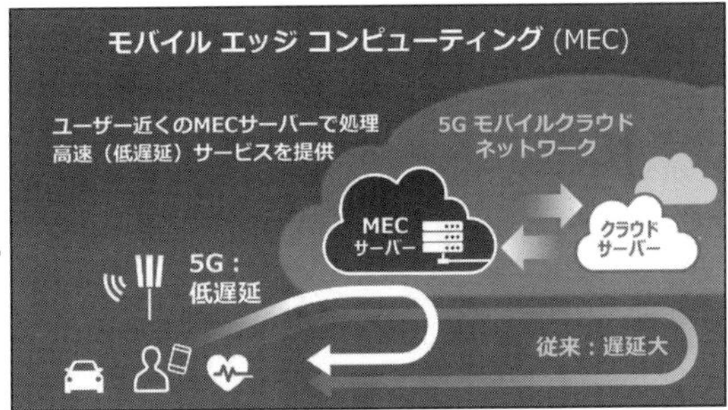

図5
楽天モバイル網上でのMECサーバによる低遅延構想

9-8　「AT&T」と「Microsoft Azure」

米国では、IoT端末の低遅延処理のために、大規模商用クラウド・サービスと携帯通信事業者の協業が始まっています。

＊

米大手携帯通信事業者「AT&T」は2019年11月26日（米国時間）、「Microsoft Azure」の「MEC」を発表しています。

AT&T 5G網の「エッジ」に「Microsoft Azure」の「データ・センター」が置かれ、IoT端末は仮想化された「5G網」を通して、低遅延で「Microsoft Azureサーバ」と通信することを見込んでいます。

当初、「Dallas」にて限定的な利用者により試験サービスを実施し、2020年には「ロサンゼルス」と「アトランタ」でもサービスを計画しています。

9-9 「Verizon」と「AWS」

一方、米最大手携帯通信事業者「Verizon」と「AWS」は、2019年12月3日（米国時間）、「5G網」の「エッジ」で「クラウド・サービス」を提供する「AWS Wavelength」を発表しています。

「AWS Wavelength」では、「エンド・ユーザー」に対して「1桁」ミリ秒の「超低遅延クラウド・サービス」を提供します。

AWSを利用する中で、処理の一部を「Wavelengthゾーン」にデプロイメントし、シームレスに「エッジ・サーバ」を利用します。

また、「AWS」は欧州で「Vodafone」、日本で「KDDI」、韓国で「SK Telecom」と提携し、全世界で「5G MECサービス」の提供を計画しています。

*

かつては将来構想として語られていた「エッジ・コンピューティング」が、この半年で急に現実のものとなりつつあります。

「楽天モバイル」が本格的な商用サービスを開始し、「AWS」と「Microsoft Azure」が「MEC」の世界展開を始めた2020年は、クラウドのあり方が大きく変わる年になるかもしれません。

索引

数字

アルファベット順

索 引

50音順

■著者

1章	「モバイル・データ通信」の変遷 …………	英斗恋
2章	大幅にパワーアップした5G……………………	勝田有一朗
3章	5Gで実現する社会 …………………………	清水美樹
4章	5Gの問題点 ………………………………	某吉、瀧本往人
5章	スマート化する社会 ………………………	英斗恋
6章	5G端末と周辺機器…………………………	某吉
7章	モバイル通信とクラウド……………………	勝田有一朗、くもじゅんいち、御池鮎樹
8章	IoT機器を変える「5G」……………………	初野文章
9章	「エッジ・コンピューティング」と「5G」……	御池鮎樹、英斗恋

[コラム]

見切り発車感が拭えない「5Gサービス」…………	柴田犬之介
「6G」がもたらす変革………………………………	英斗恋
コロナ禍に「5G」はどう絡んでいくのか……………	勝田有一朗

※本書は、月刊I/O誌に掲載された記事を再編集したものです。

質問に関して

本書の内容に関するご質問は、

①返信用の切手を同封した手紙
②往復はがき
③ FAX(03)5269-6031
（ご自宅のFAX番号を明記してください）
④ E-mail editors@kohgakusha.co.jp

のいずれかで、工学社編集部宛にお願いします。電話によるお問い合わせはご遠慮ください。

●サポートページは下記にあります。

【工学社サイト】http://www.kohgakusha.co.jp/

I/O BOOKS

やさしい5G

2020年7月20日 初版発行 ©2020

編集	I/O編集部
発行人	星 正明
発行所	株式会社工学社
	〒160-0004
	東京都新宿区四谷4-28-20 2F
電話	(03)5269-2041(代)［営業］
	(03)5269-6041(代)［編集］
振替口座	00150-6-22510

※定価はカバーに表示してあります。

［印刷］(株) エーヴィスシステムズ

ISBN 978-4-7775-2116-6